Vera Misol
Gabi Franz

Homöopathie für Hunde

Inhalt

Vorwort 4

Was ist eigentlich Homöopathie? 5

Antworten auf die wichtigsten Fragen 7

Wie wirkt ein homöopathisches Mittel? 7
Was bedeutet „Potenzierung"? 8
Wie finde ich das richtige Mittel? 9
Was sind Komplexmittel? 10
Wie erkenne ich, ob ich das richtige Mittel gefunden habe? 11
Wie dosiere ich richtig? 11
Wo kaufe ich das Mittel? 12
Wo bewahre ich das Mittel auf? 13
Kann ich die Homöopathie auch mit anderen Therapieformen kombinieren? 13
Wie verabreiche ich das Mittel meinem Hund? 13
Wann sollte ich mit meinem Hund zum Tierheilpraktiker oder Tierarzt? 14
Wie kann ich mich auf den Besuch beim Tierheilpraktiker vorbereiten? 15
Der gesunde Hund 17

Symptome von A bis Z — 19

Homöopathische Mittel von A bis Z — 76
Speziell bewährte Mittel 84

Die homöopathische Haus- und Reiseapotheke — 86
Mittel von A bis Z 86
Symptome von A bis Z 88
Homöopathie für Welpen und Junghunde 88
Homöopathie für Hündinnen 89
Homöopathie für ältere Hunde 89
Der Hund auf Reisen 89

Bezugsquellen 90
Zum Weiterlesen 91
Stichwortverzeichnis 92

Vorwort

Das Buch richtet sich an Sie, den interessierten Hundefreund, Tierheilpraktiker und Tierarzt. Sie brauchen keine Vorkenntnisse mitzubringen, um damit Ihren Hund erfolgreich homöopathisch behandeln und schnelle Erfolge erzielen zu können. Das Buch gibt Ihnen genaue Hinweise, auf welche Dinge Sie dabei achten müssen. Die Praxis hat mehrfach bewiesen, wie schnell und wie gut die Homöopathie wirkt, auch wenn wir als Tierbesitzer nicht immer ahnen, welche Kräfte tatsächlich dafür verantwortlich sind.

In diesem Buch wurde die klassische Homöopathie modern umgesetzt – eine in der Praxis tausendfach bewährte Behandlungsweise.

Das Buch stellt ein schnelles, übersichtliches **Nachschlagewerk** für die alltägliche Praxis dar: Die Symptome sind alphabetisch sortiert und die Arzneimittelbilder zu den einzelnen homöopathischen Mitteln absichtlich kurz gehalten. Auch die einzelnen Mittel – wieder alphabetisch sortiert – sind mit einer kurzen Nennung der wichtigsten Leitbilder aufgeführt.

In der **Haus- und Reiseapotheke** sind die wichtigsten Mittel aufgelistet, die Sie auf jeden Fall zu Hause haben sollten.

Am Herzen liegt uns der Hinweis, dass das Buch nicht den Gang zum Tierheilpraktiker oder Tierarzt ersetzen kann.

Bei schwerwiegenden Krankheiten oder auch dann, wenn Unsicherheiten über die Diagnose besteht, nehmen Sie bitte unbedingt fachkundliche Hilfe in Anspruch!

Wir wünschen Ihnen viel Freude mit dem Buch und an den überwältigenden Erfolgen der Homöopathie, die Ihrem Hund zugute kommen.

Frühjahr 2008
Vera Misol
Gabi Franz

Was ist eigentlich Homöopathie?

„Similia similibus curentur" –
Ähnliches werde mit Ähnlichem geheilt
(Samuel Hahnemann, 1755 – 1843)

Das Wissen um die Heilkräfte der Homöopathie ist nichts Neues. Ansätze dafür gab es schon bei den Griechen. Aber erst der Arzt und Apotheker Samuel Hahnemann hat vor rund 200 Jahren aufgrund der Resultate seiner Selbstversuche, unter anderem mit der Chinarinde, deren Wirksamkeit nachgewiesen und gilt heute zu Recht als Begründer der Homöopathie. Er stellte dabei fest, dass beispielsweise nach einer minimalen Einnahme der Chinarinde bei ihm die gleichen Symptome auftraten, die von der Malaria bekannt sind. Sobald er sie aber absetzte, klangen auch die Symptome wieder ab. Hahnemann betrieb daraufhin jahrelange Forschung und formulierte aus den daraus gewonnenen Ergebnissen die Ähnlichkeitsregel: Die Grundidee der Homöopathie basiert darauf, dass eine krankmachende Substanz den Patienten wieder gesund machen kann, so wie sie umgekehrt bei einem gesunden Menschen die Symptome der Krankheit auslösen kann. Dabei geht sie davon aus, dass ein Körper krank wird, weil seine körpereigenen Selbstheilungskräfte nur unvollständig arbeiten. Sie sieht dabei den Körper und die Psyche als eine untrennbare Einheit. **Die homöopathische Arznei aktiviert also über die in ihr enthaltenen Informationen die eigenen Heilungskräfte des Körpers.** Und das „von Kopf bis Fuß", einschließlich psychischer Symptome. Hahnemann gab dieser Therapieform darum den Namen Homöopathie, abgeleitet von homoios (gr.) = ähnlich, gleichartig und pathos (gr.) = Leid, Krankheit. Hinzu kommt, dass sie für die Lehre vom kranken Menschen/Tier steht und nicht wie bei der klinischen Medizin für die Lehre von den Krankheiten.

Jedem homöopathischen Mittel ist eine Arzneimittelbeschreibung zugeordnet. Darin sind alle Symptome einer Krankheit festgehalten, d. h. alle Beschwerden oder auch Umstände, die der Patient zeigt. Diese wurden in der Arzneimittelprüfung festgestellt: Gesunden Menschen wurde die Ursubstanz eines Mittels verabreicht und die von ihnen gezeigten Symptome notiert (sie basiert also nicht auf Tierversuchen). Diese Symptombeschreibungen dienen dem Therapeuten und auch Ihnen, damit Sie das jeweils passende Mittel finden. Die Übertragung der Arzneimittelbilder vom Menschen auf Tiere ist – bis auf wenige Ausnahmen – ohne weiteres möglich. Auch wenn sie ursprünglich für den Menschen geschrieben wurden, können sie auf Tiere angewandt werden. Dabei sind Unterschiede etwa im Körperbau, der Physiologie und der Psychologie natürlich berücksichtigt.

Antworten auf die wichtigsten Fragen

Sie müssen sich nicht im Detail mit der homöopathischen Heilkunst auseinandersetzen, um damit rasch Erfolge erzielen zu können. Jedoch sind grundlegende Hinweise so wichtig, dass sie genannt werden müssen. Bitte lesen Sie dieses kurze Kapitel durch, noch bevor Sie mit der homöopathischen Behandlung beginnen.

▷ Wie wirkt ein homöopathisches Mittel?

Die Homöopathie zielt auf die Aktivierung der unvollständig arbeitenden **Selbstheilungskräften** des Hundes ab. Sie macht dabei keinen Unterschied zwischen Körper und psychischer Verfassung – eine ganzheitliche Sicht des Tieres liegt ihr zugrunde. Aufgrund des Simile- bzw. Ähnlichkeitsprinzips ist es auch so wichtig, das Mittel zu finden, das die größte Übereinstimmung zwischen den Beschwerden des Hundes und dem Symptomenmuster in der Arzneimittelbeschreibung (Arzneimittelbild) zeigt.

Bei der Wahl des richtigen Mittels müssen Sie in kürzester Zeit nach Gabe eine Verbesserung feststellen können – längstens innerhalb eines Tages. Je akuter die Symptome auftreten, desto schneller muss es geben. So tritt in einem hochakuten Fall bei einer viertelstündlichen Gabe des Mittels die Reaktion innerhalb von Minuten ein.

Natürlich darf man sich bei Krankheiten, bei denen etwa Organe oder der Bewegungsapparat irreparabel geschädigt sind (wie etwa bei einer Hüftgelenksdysplasie) keine gänzliche Heilung erhoffen. Manchmal ist hier die **Grenze der Homöopathie** erreicht. Ziel ist es dann vielmehr, den Hund schmerzfrei zu halten und ihm zukünftig ein möglichst unbeschwertes Leben zu gönnen.

In seltenen Fällen können nach der Gabe eines Mittels Reaktionen wie Erbrechen oder Durchfall auftreten. Das ist keinesfalls negativ zu bewerten. So werden beispielsweise nach einer Arzneimittelvergiftung bzw. bei Stoffwechselstörungen die Gifte mittels Erbrechen und/oder Durchfall ausgeschieden. Der Körper reagiert auf die homöopathische Arznei und die Heilungskräfte sind in Gang gesetzt. Wir sprechen deshalb von einer Gesundheitsreaktion oder auch der sogenannten Erstreaktion.

Wenn ein Mittel zunächst Wirkung bei Ihrem Hund gezeigt hat, aber die Heilung dann plötzlich stoppt, kann es daran liegen, dass sich die Symptome verändert haben und nun ein anderes Mittel das passende ist.

Im Übrigen handelt es sich bei den homöopathischen Arzneimitteln nicht um künstliche, chemische Zusammensetzungen. Vielmehr werden sie aus natürlichen Stoffen gewonnen: Pflanzen (etwa 80 % aller homöopathischen Arzneimittel sind pflanzlichen Ursprungs), Tieren, Mineralien, Metallen und Nosoden (das sind unschädlich gemachte Produkte von Krankheiten).

▷ Was bedeutet „Potenzierung"?

Ist der Arzneiurstoff gewonnen, wird er in einem speziellen Verfahren potenziert, d.h. in Alkohol **verdünnt** und danach **geschüttelt**. Feste Ursubstanzen werden zusammen mit Milchzucker in einem ebenfalls festgelegten Verhältnis im Mörser zerrieben. Dabei wird bei beiden Verfahren der Urstoff aber nicht „verwässert", sondern gewinnt sogar an Stärke: Je höher der Arzneiurstoff potenziert, also verdünnt und geschüttelt wurde, desto höher ist seine **Energie**, desto stärker ist seine Wirkung. Das lässt sich damit erklären, dass bei dieser **Dynamisierung**, wie der Vorgang auch genannt werden könnte, die in dem Urstoff enthaltenen Informationen herausgelöst und bei jeder Potenzierungsstufe mit gesteigert werden. Je nach Potenzierungsgrad sprechen wir von D-, C- oder LM/Q-Potenzen.

Eine kleine Eselsbrücke: Den Begriff der Potenzierung kennen wir auch aus der Mathematik, wo er ebenfalls im Sinne von „erhöhen" bzw. „steigern" verwendet wird.

> Niedrige Potenzen: bis 6
> Mittlere Potenzen: 12
> Hohe Potenzen: ab 30

▷ Wie finde ich das richtige Mittel?

Der Schlüssel hierzu ist das genaue, bewusste Beobachten Ihres Hundes. Schenken Sie dabei allen Veränderungen – beispielsweise im Verhalten, beim Appetit, bei den Ausscheidungen, beim Geruch und in der Psyche – Beachtung. Verlassen Sie sich auch auf Ihr „Bauchgefühl" – Sie kennen Ihren Hund mit all seinen Vorlieben am besten. Verhaltensänderungen oder/und Krankheitssymptome zu erkennen und dem passenden Mittel zuzuordnen, erfordert Übung. Um ein wenig das Gespür dafür zu bekommen, auf welche Veränderungen oder auch Begebenheiten, denen der Hund ausgesetzt war, Sie Acht geben müssen, empfehlen wir, ab und an in dem Buch ein wenig zu blättern. Das immer wieder erneute Lesen der Arzneimittelbeschreibungen gibt Ihnen mit der Zeit eine gewisse Sicherheit. Manchmal kann es sein, dass Sie das 100%ig passende Mittel anhand der Arzneimittelbeschreibung nicht finden, dass die Symptome bei Ihrem Hund nicht ausreichen, um eindeutig das passende Mittel zu bestimmen. Dann können Sie auch 2 oder 3 Mittel miteinander kombinieren.

> **Kombination mehrerer Mittel**
> Optimal wäre es, wenn Sie zwischen den Gaben der einzelnen Mittel rund 5 Minuten verstreichen lassen, damit sie ihre Wirkung gut entfalten können. In der Regel treten keine Wechselwirkungen auf.

Auch wenn Sie bislang noch keine oder nur wenig Erfahrung mit der Homöopathie gemacht haben, können Sie trotzdem schnelle Erfolge erzielen. Sollte ein Mittel nicht die gewünschte Wirkung zeigen, lassen Sie sich nicht verunsichern oder gar entmutigen. Da die homöopathischen Mittel nebenwirkungsfrei sind, schaden Sie Ihrem Hund nicht, wenn Sie ihm einmal nicht das passende Mittel verabreicht haben.

Schritt für Schritt zum richtigen Mittel für Ihren Hund:
1. Beobachten Sie Ihren Hund genau!
   Alle Verhaltens- / Befindlichkeitsveränderungen sind wichtig.
2. Benennen Sie die Krankheitssymptome!
   Am besten notieren Sie sich alle Beschwerden Ihres Hundes und auch alle Umstände, die die Krankheit verschlechtern bzw. verbessern.
3. Suchen Sie in dem Buch nach dem passenden Arzneimittelbild!
   Die Symptome sind alphabetisch sortiert. Die Mittel zu den jeweiligen Symptomen sind so aufgeführt, dass das am häufigsten angewandte an erster Stelle steht. Sie haben das richtige Mittel gefunden, wenn Ihre Beobachtungen weitestgehend mit der Arzneimittelbeschreibung übereinstimmen.

▷ Was sind Komplexmittel?

Bei manchen Symptomen haben wir Komplexmittel wie etwa Traumeel-Tabletten angegeben. Diese sind aus mehreren einzelnen homöopathischen Arzneimitteln zusammengestellt, wobei jedes einzelne zu dem Krankheitsbild passt. Vor allem für Einsteiger in die Homöopathie sind Komplexmittel gut geeignet (und natürlich auch für die Kenner), da die Wirkstoffkombination schnelle Hilfe bringt, ohne dass man das genau passende Mittel finden muss.

▷ Wie erkenne ich, ob ich das richtige Mittel gefunden habe?

Ob Sie Ihrem Hund das richtige Mittel verabreicht haben, können Sie an seinem Verhalten bzw. Allgemeinbefinden erkennen. Nach Gabe des passenden Mittels geht es ihm rasch besser. Das sehen Sie an den verschiedensten Merkmalen: Sein Blick ist klarer, er will vielleicht wieder spielen, er hat deutlich Appetit und vieles mehr. Denkbar ist auch, dass sich Ihr Hund mal richtig „ausschläft" und entspannt. Trotz deutlicher Besserung ist es aber möglich, dass manche Krankheitssymptome, die er vor der Gabe bereits gezeigt hat, in abgeschwächter Form noch vorhanden sind. Während des Heilungsprozesses kann es vorkommen, dass sich dieser unvermittelt verlangsamt oder gar stoppt. Die homöopathische Arznei scheint nicht mehr zu wirken. In diesem Fall sollten Sie die Symptome Ihres Hundes überprüfen. Es ist möglich, dass sich diese verändert haben und das bislang verabreichte Mittel nicht mehr passt. In diesem Fall ist ein Folgemittel angezeigt.
Wenn nach der Gabe plötzlich Symptome auftreten, die vorher nicht vorhanden waren – wie Erbrechen oder Durchfall – kann es sich um den seltenen Fall einer **Gesundheitsreaktion** handeln. Deren Auftreten ist ein sicheres Zeichen dafür, dass der Körper die Selbstheilungskräfte in Gang gesetzt hat.
Bei Unsicherheiten holen Sie Rat bei Ihrem Tierheilpraktiker bzw. naturheilkundlich arbeitenden Tierarzt.

▷ Wie dosiere ich richtig?

Die meisten homöopathischen Mittel in diesem Buch sind in der C30-Potenz angegeben, da sie sanft wirkt und sich in der Praxis bewährt hat. Diese geben Sie im akuten Fall 1- bis 3-mal täglich 1 Gabe (5 – 8 Globuli). Sollten die Beschwerden hochakut auftreten, dann erhöhen Sie auf eine viertelstündliche Gabe. Bei einigen Mitteln empfiehlt es sich, wie im Text angeführt, sie in der C200-Potenz zu verabreichen. Sofern im Text nichts anderes angegeben, geben Sie das Mittel dann 1-mal wöchentlich (1 Gabe, 5–8 Globuli).

> Wenn Sie statt Globuli Tabletten oder Tropfen zur Verfügung haben:
> 5–8 Globuli = 1 Tablette = 5–8 Tropfen

Sollten Sie ein Mittel in einer anderen Potenz bereits in Ihrer Hausapotheke stehen haben, können Sie es natürlich trotzdem verwenden.
Bei D4 bis D12 verfahren Sie wie folgt:
Im akuten Fall 3- bis 5-mal täglich, im hochakuten Fall viertelstündlich eine Gabe. D30 geben Sie wie C30.
Grundsätzlich geben Sie das homöopathische Mittel bis Besserung eintritt – diese muss innerhalb kürzester Zeit erfolgen, längstens nach einem Tag. Auch wenn die homöopathischen Medikamente nebenwirkungsfrei sind, geben Sie diese bitte nicht über einen längeren Zeitraum (maximal 10 Tage) ohne Rat von Ihrem Tierheilpraktiker bzw. Tierarzt.

Das Wichtigste in Kürze:
- C30 im akuten Fall: 1- bis 3-mal täglich 1 Gabe
- C30 im hochakuten Fall: viertelstündlich 1 Gabe
- C200: 1-mal wöchentlich 1 Gabe
- C30 bei chronischen Fällen: 1-mal täglich 1 Gabe, aber nicht länger als 10 Tage oder
- C200 bei chronischen Fällen: 1-mal wöchentlich 1 Gabe, aber nicht öfter als 4 Gaben
- 1 Gabe = 5–8 Globuli

▷ Wo kaufe ich das Mittel?

Da homöopathische Arzneimittel apothekenpflichtig sind, erhalten Sie diese dort. Am besten in Apotheken, die sich auf Homöopathie spezialisiert haben. Dort können Sie sich auch Ihre Haus- und Reiseapotheke in 2-Gramm-Glasröhrchen zusammenstellen lassen.

▷ Wo bewahre ich das Mittel auf?

Wie alle Medikamente sollten auch homöopathische Mittel sicher aufbewahrt werden. Hinzukommt, dass homöopathische Arzneimittel sehr empfindlich auf äußere Einflüsse reagieren. Der geeignete Platz ist dunkel und trocken und nicht neben elektromagnetischen / magnetischen Feldern wie der Mikrowelle oder dem Telefon bzw. Orten mit starken Temperaturschwankungen, z. B. neben der Heizung. Auch nicht in der unmittelbaren Nähe von parfümierten, mit ätherischen Ölen versetzten oder scharf riechenden Substanzen.

▷ Kann ich die Homöopathie auch mit anderen Therapieformen kombinieren?

Ja! Die Homöopathie lässt sich wunderbar mit allen Therapieformen, vor allem mit Naturheilverfahren, kombinieren. Auch mit der Schulmedizin (Allopathie) steht sie keinesfalls im Widerspruch. In vielen Fällen kann die Homöopathie eine schulmedizinische Behandlung Ihres Hundes sinnvoll ergänzen, beispielsweise bei der Operationsvor- und -nachbereitung. Sie behebt auch Nebenwirkungen bei notwendiger Gabe von Antibiotika bzw. Schmerzmittel.

▷ Wie verabreiche ich das Mittel meinem Hund?

Homöopathische Mittel gibt es in vielen unterschiedlichen Darreichungsformen, die gängigsten sind Tropfen (= Dilution = Dil.), Tabletten (Tabl.) und Globuli (Glob.).
Am besten geeignet für die Medikamentation Ihres Hundes sind **Globuli**. Das sind kleine Kügelchen, meist aus Rohrzucker, auf die der Wirkstoff aufgesprüht wurde. Globuli geben Sie Ihrem Hund entweder direkt ins Maul – das funktioniert bei den meisten Tieren, da sie leicht süß schmecken – oder Sie drücken sie in Wurst bzw. in Käse. Aber bitte nicht direkt

vor oder nach den Hauptmahlzeiten. Wichtig ist, dass die Globulis möglichst direkten Kontakt mit der Mundschleimhaut Ihres Hundes haben, dann geht der Wirkstoff am besten auf den Körper über. Dadurch, dass der Wirkstoff „nur" aufgesprüht ist, sollten Sie die Globulis nicht lange in der Hand walken und auch auf den Boden gefallene nicht wieder in die Dose zurückgeben.

Bei der Gabe von **Tabletten** verfahren Sie wie bei der Globuligabe. Allerdings gibt es Vierbeiner, die sich strikt weigern, Tabletten zu schlucken. Manche haben sogar ein großes Talent dafür entwickelt, zwar die Wurst oder den Käse zu fressen, die Tablette aber trotzdem wieder auszuspucken. In diesem Fall halten Sie entweder das Maul des Hundes ein Weilchen zu, die Tablette löst sich relativ schnell auf, oder Sie lösen sie in wenig Wasser auf und träufeln die Lösung direkt ins Maul.

Tropfen sind bei Ihrem Hund nicht zu empfehlen, da sie Alkohol enthalten. Allerdings sind manche homöopathische Mittel nur in dieser Darreichungsform erhältlich.

Am ehesten werden die Tropfen aufgenommen, wenn sie mit Wasser verdünnt werden, da sie wegen des Alkoholgehalts etwas strenger schmecken. Die wenigsten Hunde werden die Lösung aber freiwillig aufnehmen. Ziehen Sie sie darum in eine kleine Spritze oder besser Pipette auf und geben sie so direkt ins Maul.

▷ Wann sollte ich mit meinem Hund zum Tierheilpraktiker oder Tierarzt?

Sollten Sie sich bei der Mittelwahl oder auch bei der Symptombestimmung unsicher sein, holen Sie sich bitte Hilfe von Ihrem Tierheilpraktiker bzw. Ihrem naturheilkundlich praktizierenden Tierarzt. Auch bitte dann, wenn die Selbstheilungskräfte Ihres Hundes nicht mehr oder nur sehr langsam aktiviert werden können, wie etwa bei chronischen Hautkrankheiten. Die Feststellung dieser Grenze der Homöopathie setzt eine große Erfahrung des Therapeuten voraus. Bei hochakuten Beschwerden, die nach Gabe der homöopa-

thischen Arznei nicht sofort besser werden – wie etwa bei
Ohrenbeschwerden mit heftigen Schmerzen – sollten Sie
ebenfalls unverzüglich zu Ihrem Fachmann. Selbstverständlich auch bei allen tiefen, stark blutenden Wunden und vor
allem nach Autounfällen. Hier muss von Ihrem Tierarzt
unbedingt abgeklärt werden, ob genäht werden muss bzw.
ob Knochenbrüche oder gar innere Blutungen vorliegen.

Das Buch kann in diesen Fällen keinesfalls den Gang zum Tierheilpraktiker bzw. Tierarzt ersetzen!

▷ Wie kann ich mich auf den Besuch beim Tierheilpraktiker vorbereiten?

Wenn Sie Ihren Tierheilpraktiker gefunden und einen Termin
vereinbart haben, empfehlen wir Ihnen, sich vorher Zuhause
in Ruhe hinzusetzen und alle Dinge aufzuschreiben, die im
Zusammenhang mit der Krankheit Ihres Hundes von Belang
sein können.
Der Tierheilpraktiker muss sich ein umfassendes Bild Ihres
Tieres machen können. Für die **Anamnese**, also die Aufnahme aller Symptome, ist er auf Ihre Hilfe angewiesen (s. dazu
die Fragen im Kasten auf S. 16).
Im Gegensatz zu der schulmedizinischen Herangehensweise
an eine Krankheit sind für den Homöopathen also nicht nur
deren Symptome von Bedeutung. Sein Ziel ist vielmehr, die
Ursachen der Krankheit zu finden, um dann den Patienten
ganzheitlich zu behandeln. Dabei ist er darauf bedacht,
etwa Stoffwechselentgleisungen wieder ins Gleichgewicht
zu bringen.
Die Unterschiede zwischen den beiden Therapieformen verdeutlichen zwei Beispiele:

1. Der Hund zeigt Hautveränderungen mit Juckreiz – vor allem am äußeren Oberschenkel.
Der Schulmediziner wird die Stellen meist mit Cortison
behandeln. Eventuell wird ein Verdacht auf Allergien
geäußert.

> **Welche Fragen stellt der Tierheilpraktiker?**
> Auf die folgenden Fragen sollten Sie vorbereitet sein:
> **Zur Krankheit**
> - Wie äußert sich die Krankheit?
> - Unter welchen Umständen verschlimmern sich die Symptome, wann bessern sie sich?
> - Wann hat sie angefangen?
> - Hat sich das Tier währenddessen in seinem Verhalten, Wesen verändert?
> - Waren Sie bereits mit Ihrem Hund bei einem schulmedizinisch behandelnden Tierarzt?
> - Liegen Diagnosen vor?
> - Wie wurde der Hund bislang behandelt (auch die letzten Impfungen und Entwurmungen können von Belang sein)?
>
> **Zu seinem Zuhause**
> - Was und wie oft bekommt der Hund zu fressen?
> - Wie wird er gehalten?
> - Wie häufig geht er spazieren?
> - Wird er nicht nur körperlich, sondern auch geistig beschäftigt?
> - Hat der Hund eine Vorgeschichte wie etwa Tierheim oder Ähnliches?
> - Wie hat er sich in seinem neues Zuhause eingelebt?

Der Tierheilpraktiker beachtet nicht nur die äußerliche Erscheinung der Hautveränderung, sondern weiß, dass Hauterkrankungen oft einen Bezug zu inneren Organen haben. In diesem Fall stellt es sich heraus, dass die Leber der Auslöser ist. Darum wird der Tierheilpraktiker nicht nur den Hautausschlag behandeln, sondern gleichzeitig die Leber homöopathisch unterstützen.

2. Der Hund leidet unter Leckekzemen an den Pfoten.
Der Schulmediziner wird meist versuchen, mit Cortison die Hautveränderungen in den Griff zu bekommen. Der Tierheilpraktiker hingegen befragt den Menschen des Hundes

intensiv über die gemeinsamen Lebensumstände. Denn Leckekzeme können nicht nur durch Herbstgrasmilben ausgelöst werden, sondern auch durch Existenzängste, ungeklärte Dominanzprobleme oder Nervosität (ähnlich wie beim Menschen das Nägelkauen).

▷ Der gesunde Hund

Ein Hund ohne gesundheitliche Beschwerden (und wichtig: in einer Ruhephase, also nicht direkt nach dem Hundsport gemessen), weist folgende „Daten" auf:

Körpertemperatur	
Kleine Hunde und Welpen	38,5 bis 39,5 °C
Große Hunde	37,5 bis 39,0 °C

Wie misst man beim Hund die Körpertemperatur?
Ein mit Vaseline eingefettetes Fieberthermometer (am besten ein digitales; ein Ohrthermometer ist für Hunde nicht geeignet) wird etwa 3 cm in den After (Mastdarm) eingeführt. Die Messzeit sollte 2 bis 3 Minuten betragen, oder so lange bis das Signal des Thermometers ertönt.

Atemfrequenz	
Kleine Hunde und Welpen	20- bis 50-mal pro Minute
Große Hunde	10- bis 30-mal pro Minute

Wie misst man beim Hund die Atemfrequenz?
Eine Hand wird zum Fühlen auf den Brustkorb gelegt. Ein Heben und ein Senken ist ein Atemzug. Zählen Sie eine halbe Minute lang und verdoppeln Ihr Ergebnis.
Weist der Hund bei der Messung unregelmäßige Schläge auf, muss Sie das nicht beunruhigen – das ist beim Hund im Gegensatz zu uns Menschen normal.

Pulsschlag	
Kleine Hunde und Welpen	80 bis 130 pro Minute
Große Hunde	70 bis 80 pro Minute

Wie misst man beim Hund den Pulsschlag?
Ihr Hund sollte hierfür auf der Seite liegen. Legen Sie Ihre Finger auf die Innenseite des Oberschenkels Ihres Hundes, unmittelbar unterhalb des Hüftgelenks. In diesem Bereich ertasten Sie die Arterie. Zählen Sie 30 Sekunden lang die Pulsschläge und multiplizieren Sie dann das Ergebnis mit zwei.

Praxistipp: Messen Sie ab und an bei Ihrem gesunden Hund die Normalwerte – dann wissen Sie zum einen im Krankheitsfall wie Sie vorgehen müssen und zum anderen kennen Sie die Werte Ihres Hundes genau.

Symptome von A bis Z

> **Dosierung:** Wenn nichts anderes im Text steht, geben Sie bitte von dem Mittel in der C30-Potenz 1 Gabe am Tag. Im Akutfall: 1- bis 3-mal täglich 1 Gabe, im hochakuten Fall: viertelstündlich 1 Gabe.
> Bei C200-Potenz 1 Gabe am Tag, 3 bis 4 Tage lang, wenn nicht anders im Text beschrieben.
> 1 Gabe = 5 – 8 Globuli

Abmagerung

▷ Abmagerung ohne besondere Krankheitsanzeichen

Wählerisch beim Futter, frisst langsam und lustlos sein gewohntes Futter, mit Heißhunger auf Delikatessen, trockenes und farbloses Fell. Eigensinnige und charmante Hunde, wirken älter. (Leberstörung)	**Lycopodium** **C30**
Überwiegend Jungtiere, die trotz guter Futteraufnahme abmagern. Futter teilweise unverdaut, oft Wechsel zwischen Durchfall und Verstopfung, auch bei Wurmbelastung.	**Abrotanum** **C30**
Frisst sehr gierig und unersättlich, wird trotzdem schlanker. Sehr lebhafte, nervöse und hektische Hunde. (Schilddrüsenstörung)	**Jodum** **C30**

▷ Abmagerung nach Trauer und Kummer

Folge von Kummer, Besitzerwechsel, Tod von Artgenossen, Tierheimaufenthalt. Frisst eigentlich gut, trotzdem schlank. Fell spröde mit verwaschenen Farben und Neigung zu Verfilzungen. Lässt sich nicht gerne trösten.	**Natrium muriaticum** **C200**

Abmagerung nach schwerer Erkrankung

Schwäche nach Krankheit oder Stress. Guter Appetit vorwiegend abends, mit viel Durst. Hunde sehr lebhaft und verspielt, sie springen liebend gerne in jedes Wasser, verbrauchen aber schnell ihre Energie. Sehr überempfindlich auf Sinneseindrücke, möchte gestreichelt werden.	**Phosphorus** C30
Sehr schwache Tiere mit großer Müdigkeit. Rennt zwar zur Futterschüssel und wendet sich aber enttäuscht ab, frisst eventuell ein kleines Häppchen, nichts scheint zu schmecken. Wärme bessert. (Nierenstörungen, gerade bei älteren Tieren ein tolles Mittel)	**Arsenicum album** C30
Folge von Operationen, schwerer Krankheit, Blutungen, Geburt, nach heftigen Durchfällen, Folgen von Wurmbefall. Sehr schwach, sehr schläfrig. Verschlimmerung nachts.	**China** C30

Abszess (Eiterung)

Abszess, akut

Das erste Mittel der Wahl, bringt Abszess zur schnellen Reifung und Abheilung. Abszess sehr schmerzhaft, äußerst berührungsempfindlich mit Eiterbildung. Dieser kann nach altem Käse riechen. Der Schmerz lässt nach der Gabe sehr schnell nach und der Eiter fliest nach außen ab oder wird resorbiert. (Krallenbettvereiterungen, Zwischenzehenabszesse, Wundabszesse etc.)	**Hepar sulfuris** C30
Folgemittel nach Hepar sulfuris, genannt „das homöopathische Messer". Falls Hepar sulfuris noch Unterstützung braucht. Öffnet den Abszess genau zum richtigen Zeitpunkt, erspart die Operation.	**Myristica sebifera** C30

Fördert die schnelle Heilung des geöffneten Abszesses. Silicea bringt Fremdkörper aus dem Körper heraus (Spreißel, Zeckenköpfe etc.) und verhindert die Bildung eines Fistelkanals. Verhindert, dass der Fistelkanal chronisch wird.	**Silicea** C30

▷ **Abszess mit Fieber**

Abszess mit Fieber und mit Störung des Allgemeinbefindens. Sehr schmerzhaft. Abszess heiß, rot.	**Belladonna** C30
Schmerzhaft und sehr berührungsempfindlich, mit Fieber. Abszess dunkelrot bis lila.	**Lachesis** C30

Praxistipp: Traumeel-Tabletten 3- bis 5-mal täglich 1 Tablette. Retterspitz äußerlich als Umschlag, schmerzlindernd und heilungsfördernd.

▷ **Abszess, chronisch**

Hartnäckiger und ständig wiederkehrender Abszess. Kaum abgeheilt, schon eitert es wieder, schlechte Heiltendenz.	**Calcium fluoratum** C30
Chronische und hartnäckige Eiterungen und Abszesse, die trotz Hepar sulfuris und Silicea wiederkehren, kaum schmerzhaft.	**Calcium sulfuricum** C30
Zu langsame Heilung und Eiterung. Fördert Heilung von bestehenden Fistelkanälen.	**Silicea** C30

Praxistipp: Kombinieren Sie die Mittel.

Aggression

Ranghoher Hund. Lustiger, lebensfroher Raufbold, strotzt vor Energie und Aktivität. Duldet keinen Ungehorsam seitens der Rudelmitglieder wie etwa Anrempeln. Postbote, Müllmänner hält er für Störenfriede. Ansonsten ist er ein Menschenfreund. Will nicht festgehalten werden. Er geht keinem Kampf aus dem Weg. Kleinigkeiten können ihn „auf die Palme bringen".

Nux vomica C200

Umgänglicher Hund. Sehr loyal und pflichtbewusst seinem Herrn gegenüber. Kommt mit anderen Hunden gut zurecht, dafür hat er ein paar gepflegte „Feindschaften". Sehr nachtragend und er vergisst nichts. Wurde er z. B. als Welpe von einer bestimmten Rasse verletzt, vergisst er das nicht.

Lycopodium C200

Selbstbewusste Hunde. Aggression richtet sich gegen andere Hunde, selten gegen Menschen. Lassen sich ungern von Fremden anfassen. Sucht sich seinen Rudelführer selbst heraus, sogenannte „Einmannhunde". Sehr pflichtbewusst und unbestechlich, auch nicht mit Leckerli. Verträgt keinen Tadel und reagiert auf harte Worte empört bis wütend. Sehr clevere Hunde, die leider oft missverstanden werden.

Natrium muriaticum C200

Eifersucht und ständige Rangprobleme in der familiären Gruppe, die heftig und blutig ausgetragen werden. Zorn, wenn man den „besseren Rang" verliert.

Chamomilla C200

▷ **Aggression nach Kastration**

Plötzlich nach Kastration eintretende Aggression. Bei dominanten Tieren. Der Rangverlust im häuslichen Hunderudel wird nicht kampflos hingenommen. Streitereien in der tierischen Hundefamilie werden nur zu Hause oder in der unmittelbaren Nachbarschaft ausgetragen.

Lachesis C200

Allergien

Die in diesem Abschnitt genannten Mittel stellen nur einen Ausschnitt bewährter Mittel zur schnellen Hilfe dar. Allergien, die längere Zeit bestehen, sollten Sie von Ihrem Tierheilpraktiker bzw. Tierarzt konstitutionell behandeln lassen, vor allem Allergien, die mit Cortison vorbehandelt worden sind.

Allergische Reaktion nach Bienen- und Wespenstichen. Schwellung heiß, blassrot bis rosa, schmerzhaft. Auch bei allergischem Schock und Kontaktallergie durch Gräser und Sträucher, die häufig als Hautausschlag am Bauch auftreten. Besserung durch kühle Umschläge und Kälte.	**Apis** **C30**
Brennende, juckende Haut, Rötung, Schwellung, Bläschenbildung. Meist am Bauch und den Innenseiten der Beine. Verursacht durch Gräser, Gülle, Insektizide, frisch gedüngte Äcker. Auch bewährt bei Flohallergien.	**Rhus toxicodendron C30**
Hautausschläge, Nesselsucht, Verdauungsstörungen wie Durchfall nach Einnahme von Medikamenten (z. B. Antibiotika, Schmerzmittel).	**Nux vomica C30**
Welpenekzem, Unverträglichkeit von Milch. Hautallergie bei Jungtieren.	**Calcium carbonicum C200**
Hautausschläge, die sich durch Baden und Wärme noch verschlimmern. Hund kratzt sich blutig, da unerträglicher Juckreiz. Auch nach Antibiotikagabe bewährt. Ebenfalls bei Hautausschlägen, die nach Baden mit Flohshampoo auftreten.	**Sulfur C30**
Durch Nahrungsmittelunverträglichkeiten und verdorbenen Nahrungsmitteln ausgelöster Durchfall, Erbrechen, Übelkeit.	**Okoubaka C30**

Altern (vorzeitiges)

Frühzeitiges Ergrauen vor dem 4. Lebensjahr. Hund lustlos, launisch, zieht sich in einsames Zimmer zurück.	**Lycopodium** C30
Sieht älter aus als er ist, alles lässt nach, hört schlecht, sieht schlecht, trübe Augen. Wirkt verwirrt, senil. Durchblutungsfördernd.	**Barium carbonicum** C30
Lustlos, sogar beim einst geliebten Spaziergang. Schlapp, energielos, nicht mehr der verspielte, fröhliche Kumpel.	**Arnica** C30
Sieht älter aus als er ist. Sucht warme Orte auf (Heizung), trinkt kleine Mengen. Nachts unruhig – läuft umher. Hund ist sehr auf Sauberkeit bedacht.	**Arsenicum album** C30

Altersherz

Leistung lässt nach, Herzhusten, nächtliche Unruhe, schläft viel. Nach kleiner Anstrengung schlimmer. Das Pflegemittel des Herzens.	**Crataegus** C30
Herzschwäche. Mit Crataegus sehr gut zu kombinieren.	**Cactus** C30
Aufbaumittel im Alter, bei Überanstrengung des Herzens, durchblutungsfördernd. Hund war in jungen Jahren sehr temperamentvoll und lebhaft – jetzt sehr schwach und zitternd.	**Arnica** C30
Für ältere Tiere mit Herz- und Kreislaufproblemen, mit Lungenödemen, auch bei bestehenden Tumoren (Stärkungsmittel).	**Viscum album** C30

Praxistipp: Geben Sie ReVet RV 4 3-mal täglich 1 Gabe.

Analdrüse

▷ Analdrüse, akut

Akute Entzündung mit Eiterung und Abszedierung, Berührungsempfindlich und sehr schmerzhaft.	**Hepar sulfuris** C30
Folgemittel von Hepar sulfuris. Fördert die Abheilung und verhindert Fistelgangbildung, Sekret dünnflüssig.	**Silicea** C30
Analbeutelabszess kapselt sich zu langsam ab oder wurde vom Hund aufgebissen, nicht mehr so schmerzhaft.	**Myristica sebifera** C30

▷ Analdrüse, chronisch

Laufend verstopfte Analdrüsen (pappiges, grünlich bis bräunliches Sekret), die ständig ausgedrückt wurden, können sich mit Causticum regenerieren. After groß und vorgewölbt.	**Causticum** C30
Neigung zu chronischer Analdrüsenverstopfung, verfressen. Leidet oft an Verstopfung.	**Pulsatilla** C30
Wirkt unterstützend, strafft das schlaffe Bindegewebe der Analdrüsen (oft Folge von häufigem Ausdrücken der Analdrüse).	**Calcium fluoratum** C30

Angst

Angst bei Gewitter und Sylvester. Angst vor dem Tierarzt, vor lautem Schuss bzw. Knall, ist nicht gerne alleine, ansonsten aber kein ängstliches Tier. Zittert wie Espenlaub, speichelt, versteckt sich, lässt sich nicht beruhigen oder ablenken, sucht die Nähe einer Bezugsperson.	**Phosphorus** C200
Ausstellungsangst, Turnierstress, bekommt vor Angst oder Vorfreude Durchfall. Vergisst die wohlvertrauten Kommandos, bringt vor Aufregung alles durcheinander.	**Argentum nitricum** C200
Plötzlicher Wechsel von Angst zu Aggression. Steigert sich in Angst und Aggression hinein. Beißt zu, wenn man ihn bedrängt und am Fliehen hindert, unberechenbar, sehr panisch. In seltenen Fällen nach Narkosen auftretende Wesensveränderung.	**Belladonna** C200
Angst nach Schock- und Schreckerlebnis (z.B von anderen Hunden angefallen, Autounfall etc.). Danach generell ängstlich geworden. Aconitum behebt das Schockerlebnis nach 2 Gaben, auch wenn der Vorfall schon Monate oder Jahre zurückliegt.	**Aconitum** C200
Angst bei Wind und Sturm. Allein bei Wind wird der Hund schreckhaft und panisch vor Angst, obwohl er sonst ein ganz normaler Hund ist. Rennt mit eingeklemmtem Schwanz vor Schreck nach Hause.	**Rhododendron** C200

▷ **Angstbeißer**

Angst vor Berührungen. Bei Hunden mit unbekannter Vorgeschichte. Misshandelte Hunde, die Angst vor dem Menschen haben und wegen schlechter Erfahrung zubeißen. Scheue Tiere, die nur langsam wieder Vertrauen zum Menschen aufbauen.	**Natrium muriaticum C200**
Angst vor Männern, egal ob sie schlechte oder gute Erfahrung mit ihnen gemacht haben.	**Lycopodium C200**
Generell ängstlich, gutmütig, anhänglich, wenig Selbstbewusstsein, würde nie von sich aus angreifen. Eifersucht auf fremde Tiere und Menschen, fordert ständig Streicheleinheiten ein. Zwickt eher als dass er beißt, verteidigt seinen Menschen.	**Pulsatilla C200**

▷ **Angstverhalten nach Narkose**

Nach banaler Operation hat sich der Hund total verändert. Ist nun plötzlich ein verängstigtes Tier, hat Angst vor eigenem Besitzer, will das Haus nicht mehr verlassen (kommt sehr selten vor).	**Belladonna C200**

Appetit

▷ **Appetit, enorm, übergroß**

Gieriges Fressen von nicht artgerechtem Futter (z. B. Torte, Brot, Knochen, Kompost, verdorbenes Futter, Schokolade) mit dementsprechenden Verdauungsstörungen wie Blähungen, Erbrechen, Durchfall oder Verstopfung.	**Nux vomica C30**
Unersättlich, das Fressen bestimmt alles. Ständig gierig und hungrig, obwohl er reichlich bekommt. Nach Kastration vermehrt Hunger. Faule Tiere, die oft unter Hautproblemen leiden.	**Graphites C30**

Sehr großer Appetit, Gier auf rohe Kartoffeln, Lehm, Sand, Ablecken und Abkratzen von Putz von den Wänden, lieben Eier, vertragen keine Milch, oft Junghunde. Praxistipp: Überprüfen Sie das Hundefutter auf Qualität. Meist ist in diesem Fall der Kalkstoffwechsel des Hundes gestört. Bei Unsicherheiten fragen Sie Ihren Tierarzt oder Tierheilpraktiker.	**Calcium carbonicum** C200

▷ Appetit, abnorm

Jungtiere, lebhafte und fröhliche Hunde, fressen gierig Holz, Papiertaschentücher, Papierschnipsel, Kot. Gierig auf salzige Essensreste und Fleisch, vertragen keine Milch. Praxistipp: Überprüfen Sie das Hundefutter auf Qualität. Meist ist in diesem Fall der Kalkstoffwechsel des Hundes gestört. Bei Unsicherheiten fragen Sie Ihren Tierarzt oder Tierheilpraktiker.	**Calcium phosphoricum** C30
Frisst jeden Dreck von der Straße (Unverdauliches wie Plastik, Pappe usw.), verweigert das Hundefutter.	**Ignatia** C30
Gier auf Sand und Erde. Heißhunger wechselt mit Appetitmangel.	**Ferrum metallicum** C30
Frisst eigenen Kot.	**Veratrum album** C30
Gier auf Kot bei alten Tieren, Blähungen hörbar und stinkig.	**Carbo vegetabilis** C30
Gier auf Haare (z. B. auch auf die aus der Haarbürste).	**Natrium muriaticum** C30
Frisst gierig alles Unverdauliche, daher oft Verstopfung.	**Alumina** C30

Appetitlosigkeit

Rennt zwar begeistert zur Futterschüssel, wendet sich dann aber angewidert ab. Frisst nur mit viel Überredungskünsten Häppchen oder Delikatessen. Nach Antibiotikabehandlungen, nach Krankheiten.	**Arsenicum album** C30
Hund hat zwar Appetit, sobald er vor der Futterschüssel steht, scheint er aber keinen mehr zu haben. Er frisst wenig oder nichts, als ob er sich ekeln würde. Gegen Abend bekommt er etwas Hunger. Praxistipp: Bringen Sie bei diesem Hund Abwechslung auf den Futterplan.	**Lycopodium** C30
Hund, der schon immer ein schlechter Fresser war. Frisst lustlos, egal welches Futter man ihm anbietet.	**Natrium muriaticum** C30
Nach Kräfte zehrenden Krankheiten, Geburt, Durchfall, Wurmbefall. Schwaches Tier, frisst erst dann alleine, wenn man es zum Fressen von Häppchen animiert hat.	**China** C30
Hund frisst normal, dann plötzlich konsequent gar nichts, ohne sonstige Krankheitsanzeichen. Frisst oft gierig Sand, Erde, Gras.	**Ferrum metallicum** C30
Bei gesundem und lebhaftem Hund, der mal richtig die Futterschale wegputzt und dann wieder gar nichts frisst. Vorlieben für Fleisch und Fleisch-Essensreste, mag kein Hundemüsli (pickt sich nur Fleisch heraus).	**Calcium phosphoricum** C30

Arthritis (Gelenkentzündung)

Kleinste Bewegungen sind sehr schmerzhaft. Will sich gar nicht bewegen und wenn doch, läuft er am liebsten gleich auf drei Beinen. Lässt sich in der Situation nicht anfassen. Gelenk entzündet und teigig geschwollen. Legt sich auf das kranke Gelenk, da Druck bessert, Wärme auch. Hat großen Durst und will seine Ruhe.	**Bryonia** C30
Akute Gelenkschäden als Folge von Abkühlung, kaltem Baden, nasskaltem Wetter oder Überanstrengung. Wärme bessert. Hund möchte sich leicht bewegen, da Schmerzen durch Bewegung besser werden (er „läuft sich ein").	**Rhus toxicodendron** C30
Das Mittel schlechthin bei allen Verletzungen, Prellungen oder Schlägen, nach Verletzung oder Zerrung beim Toben. Gelenk sehr schmerzhaft.	**Arnica** C30
Geschwollenes Gelenk, hochrot, sehr berührungsempfindlich, will nicht mehr belasten. Besserung durch Wärme, Umschläge und Ruhe.	**Belladonna** C30

Praxistipp: Umschläge mit Retterspitz verschaffen gute Linderung.

Verletzung der Knochenhaut durch Unfall, Sturz.	**Symphytum** C30
Folge von Verletzungen (siehe Arnica) wie Prellungen, Quetschungen, Zerrungen. Verletzung der Knochenhaut, schmerzhaft. Kaltes, feuchtes Wetter und Liegen verschlechtern das Befinden.	**Ruta** C30

Praxistipp: Geben Sie Traumeel-Tabletten 3- bis 5-mal täglich 1 Tablette oder ReVet 25 3-mal täglich 6–8 Globuli. Umschläge mit Retterspitz, äußerlich, verschaffen ebenfalls Linderung.

Arthrose

Wichtiges Mittel bei Arthrose. Wenn akute Beschwerden abklingen, kann es die beginnende Arthrose aufhalten. Wärme bessert, während Zugluft, Kälte, Wetterwechsel und Überbelastung verschlechtern.

Calcium fluoratum C30

Kalte, klare Wetterverhältnisse verschlimmern die Arthrose. Morgens und nach Ruhe läuft der Hund steifer (Ellbogen-Arthrose). Knacken in den Gelenken. Nasses, feuchtes Wetter und leichte Bewegung bessern.

Causticum C30

Aufbau-, Stärkungsmittel

▷ Aufbau-, Stärkungsmittel, Jungtiere

Bei Junghunden und Welpen. Sorgt für kräftigen Knochenaufbau, fördert den Zahnwechsel. Fröhliche Tiere, die manchmal nervös sind und unter wechselhaftem Appetit leiden.

Calcium phosphoricum C30

Jungtiere, die nervös und ängstlich sind. Fürchten sich vor Menschenansammlungen, sind schnell nervlich erschöpft, z. B. bei Überforderung in der Hundeschule. Reagieren mit nervösen Magen-Darm-Beschwerden.

Kalium phosphoricum C30

Jungtiere, in der gesamten Entwicklung „zurückgeblieben". Ständige Verletzung beim Spielen, wachsen zu langsam, Wundheilung dauert zu lange, leiden unter Bindegewebsschwäche, durchtrittige Gelenke. Tiere sind ängstlich und zögerlich.

Silicea C30

▷ Aufbau-, Stärkungsmittel nach überwundener Krankheit

Schwäche nach Krankheit, nach Geburt oder Operation. Zur Wiederherstellung der alten Konstitution.	**Phosphorus** **C30**
Nach Krankheit ausgezehrt, geistig wie körperlich große Schwäche. Etwa bei Hündinnen nach Geburt oder bei Blutverlust während Operationen.	**Acidum phosphoricum C30**
Große Schwäche und Erschöpfung nach einer Erkrankung. Kreislaufschwäche, möchte zwar Gassi gehen, ist aber ganz schnell erschöpft, keine Kondition.	**Carbo vegetabilis C30**
Heilung kommt nicht richtig in Gang. Lang anhaltende Schwäche, neigt zu wiederkehrenden Durchfällen, Krampfkoliken, Appetit wechselhaft.	**China C30**

Augenausfluss

Augentrost (Euphrasia) hilft generell bei Augenbeschwerden, er unterstützt die Heilung der Augenschleimhaut. Tier zwinkert bei hellem Licht, leckt ständig mit der Zunge über die Nase. Tränenfluss bei Wind, Ausfluss wundmachend, klebrig und zähflüssig.	**Euphrasia (auch als Augentropfen) C30**

Praxistipp: Euphrasia Augentropfen können Sie 3-mal täglich, 1–2 Tropfen ins betroffene Auge, zur Unterstützung geben.

Nur frühmorgens tränt das Auge, lichtscheu, wurde schon antibiotisch vorbehandelt, wiederkehrend. Hochrote Bindehaut, zuerst trocken, dann mit Tränenfluss, Schleim und **großem Juckreiz**. Hund wischt mit der Pfote oder rutscht mit dem Kopf am Teppich entlang.	**Sulfur C30**
Augenausfluss bei allergischen Reaktionen. Erhebliche Schwellung um die Augen, Juckreiz, helle Rötung, Tränen und Schleim. Bei Licht und Wärme schlechter.	**Apis C30**

Ganz **plötzlich** auftretend, meistens durch kalten Wind, Zugluft oder Fremdkörper. Augen gerötet, heftige Schmerzen, wenig Tränen, passiert gerne nach einer Cabrioausfahrt bzw. Autofahrt mit offenem Fenster.	**Aconitum C30**
Geschwollene Lider, starke Rötung, dünn eiternde Absonderungen, müde, schlapp mit Unruhe. Hilft bei Lymphfollikel im inneren Augenwinkel.	**Argentum nitricum C30**
Mildes, grünlich gelbes, zähes Sekret, leicht geschwollene Lider mit Jucken und Brennen, zwinkert bei grellem Licht. Augenreiben erleichtert, an der **frischen Luft** wird es schnell besser.	**Pulsatilla C30**

Augenverletzung

Augenverletzung durch Fremdkörper, Folgen von Schock und Schreck, wenig Tränen, sehr schmerzhaft.	**Aconitum C30**
Durch Gewalteinwirkung, Schlagverletzung. Trübungen der Hornhaut können damit verschwinden. Wirkt sehr gut bei Hornhautwunden, heftiger Tränenausfluss nach der Verletzung.	**Euphrasia C30**
Nach Schnittverletzung, auch nach Operation am Auge. Sehr starke Schmerzempfindlichkeit der Naht und allgemeine Schmerzempfindlichkeit nach der Operation, fördert die Abheilung.	**Staphisagria C30**
Wenn auch die Knochenhaut rund um das Auge durch eine Schlag- oder Stoßverletzung mit verletzt ist.	**Arnica C30, Ruta C30**
Trauma des Augapfels (Boxerauge). „Blaues Auge".	**Ledum C30**

Praxistipp: Geben Sie Traumeel-Tabletten 3- bis 5-mal täglich 1 Tablette.

Autofahren, Beschwerden beim

Mag das Autofahren nicht. Hund will sich im Auto nicht hinsetzen, steht oder springt verrückt umher, sehr **reizbar**.	**Nux vomica** C30
Legt sich hin und erbricht sich, Übelkeit aufgrund von **Schwindel**, absolutes Unwohlsein.	**Cocculus** C30
Bei Übelkeit im Auto (Flugzeug/Schiff). „Kotzübel" beim Fahren, zittrig, schwach, ein **„Bild des Jammers"**. Autobahnfahren wird gut vertragen, nur Anfahren, Bremsen und kurvenreiche Straßen verursachen Übelkeit und Erbrechen.	**Strychninum phosphoricum** C200
Sterbenselend, Übelkeit, will nur raus aus dem Auto – und nie wieder rein.	**Petroleum** C200
Sterbenselend, schon beim Anblick des Autos wird ihm übel, wie **seekrank**, will auch nicht mehr einsteigen. Das beste Tiertraining versagt.	**Tabacum** C30

Praxistipp: Bachblüten-Notfalltropfen mehrfach vor der Autofahrt nehmen dem Hund die Angst.
Sie dürfen auch gerne 2 Mittel miteinander kombinieren.

Bandscheibenvorfall

Bitte gehen Sie bei Verdacht umgehend zum Tierarzt, da ein Bandscheibenvorfall für Ihren Hund sehr schmerzhaft ist. Die nachfolgenden Mittel lassen sich sehr gut mit der Schulmedizin kombinieren.

▷ Bandscheibenvorfall, akut

Ganz plötzlich, hoch schmerzhaft, Hund schreit vor Schmerz, steht steif da, oder steifer, wackliger Gang. Schreit, obwohl man ihn nicht mal berührt. Bauchdecke hart angespannt, hochgezogener Bauch.	**Nux vomica** **C30**
Hund bewegt sich gar nicht. Traut sich vor Schmerz keinen Schritt zu machen, bleibt liegen oder steht bis zur Erschöpfung. Rückenmuskel total verspannt und verdickt, Wärme bessert.	**Bryonia** **C30**
Durch Unfall oder Erschütterung des Rückenmarks ausgelöster Bandscheibenvorfall. Schreit bei bestimmten Bewegungen vor Schmerz. Sehr akut.	**Hypericum** **C30**

Praxistipp: Bei akuten Vorfällen helfen folgende Komplexmittel sehr gut: Traumeel-Tabletten 3- bis 5-mal täglich 1 Tablette, ReVet 25 3- bis 5-mal täglich 6 – 8 Globuli; Bachblüten-Notfalltropfen ständige Gaben.

▷ Bandscheibenvorfall, chronisch

Folgemittel nach Abklingen der akuten Beschwerden, auch bei bereits bestehenden Veränderungen der Knochen (laut Röntgenbilder), auch bei Vorfällen im Bereich der Halswirbelsäule.	**Calcium fluoratum C30**
Zur Nachbehandlung des Vorfalls, unterstützt Sehnen und Bänder. Hund läuft noch steifbeinig und schwankend, hat Probleme beim Aufstehen, falls Lähmung der Hinterbeine vorhanden war. Leichte Bewegung bessert, „läuft sich ein", Kälte und Nässe verschlechtern.	**Rhus toxicodendron C30**

Heftige Schmerzen, auch bei Lähmungen der Hinterbeine, tapfere Hunde. Bei Beginn der Bewegung schlechter, Wärme bessert.	**Causticum** **C30**
Bandscheibenvorfälle im Halsbereich.	**Silicea** **C30**

▷ Bandscheibenvorfall mit Lähmungen

Spastische (krampfartige) Lähmungserscheinung der Hinterbeine. Hund schreit vor Schmerz, steht steif da, eventuell Kot- und Urinabsatz gestört.	**Nux vomica** **C30**
Schlaffe Lähmung, Hinterbeine schleifen einfach hinterher. Kaum noch Schmerzen. Kot und Harn können wegen der Nervenstörung unkontrolliert abgehen.	**Plumbum metallicum** **C30**

Praxistipp: Traumeel-Tabletten 3-bis 5-mal täglich 1 Tablette, ReVet 25 3-bis 5-mal täglich 6–8 Globuli.

Bandwürmer

siehe auch Wurmbefall

Wurmabweisende Wirkung, stärkt die körpereigene Abwehr gegen alle Darmparasiten, stimmt das Milieu im Darm um, sodass Würmer abgehen. Kurweise alle 3 Tage eine Gabe einen 1 Monat lang.	**Calcium carbonicum C200**
Bei hartnäckigem Befall als Folgemedikation. Kurweise alle 3 Tage eine Gabe einen 1 Monat lang.	**Natrium muriaticum C200**

Barthaare, ausfallende

Barthaare fallen einfach aus und wachsen weiß nach, gerade bei jungen Hunden.	**Kalium phosphoricum C30**

Belecken der Vorderpfoten

Beknabbern und Wundschlecken der Pfoten, Nägelabbeißen, nach Demütigung, zu starker Unterdrückung, stiller Kummer und Zorn. Bei **Herbstgrasmilbenverdacht**.	**Staphisagria C30**
Ständiges Lecken der Vorderpfoten, ohne erkennbare Ursache, kann bis zum Bluten führen. Anzeichen für **Leberirritation**.	**Phosphorus C30**
Beknabbern und Wundschlecken der Vorderbeine, ohne erkennbare Hauterscheinung. Ausgelöst durch **Kummer**, **Stress**, **Tadel**, **Heimweh**.	**Ignatia C30**

Bindegewebsschwäche

Durchtrittige Gelenke, hängende Augenlider, schlaffes Gewebe, Liegeschwielen. Hunde, die sich ständig Verletzungen und Zerrungen zuziehen.	**Silicea C200** (1-mal wöchentlich 1 Gabe)
Unterstützend zur Straffung des Bindegewebes, stärkt und kräftigt Bänder und Sehnen. Gut mit Silicea zu kombinieren.	**Calcium fluoratum C30**

Bindehautentzündung

Allgemein als erstes Mittel. Euphrasia unterstützt die Augenschleimhaut positiv. Große Lichtempfindlichkeit, viel Tränen, die wund machen können, leichtes Anschwellen der Augenlider, Bindehäute gerötet, später auch eitrig. Bei Hunden laufen die Tränen über die Nase ab, daher schlecken sich die Hunde dann häufig über die Nase. Verschlechterung abends, bei Sonne und bei kaltem Wind.

Euphrasia C30

▷ Bindehautentzündung, akut plötzlich und heftig auftretend

Bindehaut ist knallrot und geschwollen, zuerst trocken, später mit Tränenfluss. Die Pupillen sind manchmal vergrößert. Tiere sind lichtempfindlich und blinzeln viel. Folgen von nasser Kälte, Zugluft und greller Sonne. Im Winter bei Schnee, Schneeblindheit.

Belladonna C30

Folgen von kaltem trockenen Wind (beim Autofahren Kopf aus dem Fenster halten o.Ä.). Blitzschnell auftretend, sehr schmerzhaft, auch durch Fremdkörper im Auge. Das absolute Erstmittel.

Aconitum C30

Augenlider und Bindehäute sichtbar dick geschwollen, kann plötzlich auftreten. Die Bindehäute sind blasser als bei Belladonna, reichlich Tränenfluss, erkennbar am Schlecken über die Nase. Heftiger Juckreiz, Pupille erweitert. Besserung durch kalte Umschläge.

Apis C30

▷ Bindehautentzündung, subakut bis chronisch hartnäckig

Juckende und geschwollene Lider, Hunde wischen mit Pfoten über die Augen, sind sehr lichtempfindlich, mildes gelbliches bis eitriges Sekret. Besserung an der frischen Luft.

Pulsatilla C30

Lider sind morgens eitrig verklebt, Oberlider häufig geschwollen, mit eitrig scharfem Tränenausfluss. Verschlechterung abends und durch Berührung.	**Rhus toxicodendron** C30
Folge von **Durchnässung** und feuchter Kälte, auch bei allergischem Verlauf. Gelber, dicker Ausfluss mit Juckreiz. Pupillen können vergrößert sein. Wärme bessert. Nachts und in der Kälte schlimmer.	**Dulcamara** C30
Chronische und hartnäckige, ständig wiederkehrende Bindehautbeschwerden. Augen immer verklebt, mit gelblich bis grünem Sekret, geringe Schmerzen mit Schwellung der Lider.	**Argentum nitricum** C30
Folgen von Erkältung, Unterkühlung oder Durchnässung. Dünnes, schleimiges, eitriges, wundmachendes Sekret, das zu Geschwüren der umliegenden Haut führen kann. Besserung durch kühle Umschläge und frische Luft. Verschlechterung nachts und bei Wärme.	**Mercurius solubilis** C30

Praxistipp: Kombinieren Sie 2 bis 3 Mittel miteinander.

Bisswunden

siehe Wundbehandlung

Blähungen

Blähungen mit Verstopfung. Nach Futterwechsel, nach Überfütterung, zu viele Leckerlis, nicht artgerechtem Hundefutter wie Kuchen etc. Nach Medikamentengaben, nach Aufnahme von verschmutzen Wasser oder verdorbenem Futter etc.	**Nux vomica** C30
Hörbares Kollern und Rumpeln im Bauch, nach ungewohnter Kost, nicht hundegerechtem Futter (siehe oben). Verweigern gewohntes Futter.	**Lycopodium** C30

Ekelerregend stinkende Blähungen (wie nach **faulenden Eiern** riechend). Durchfall und Verstopfung wechseln sich ab. Nach Medikamentengaben, im besonderen Antibiotika und Schmerzmitteln. Erster Kot am Morgen kann fest sein, dann tagsüber nur noch Durchfall.	Sulfur C30
Heftiges und lautes Darmkollern, ohne Schmerzen. Heftiger Gestank. Besserung durch Pupsen.	Carbo vegetabilis C30
Geblähter Bauch nach „Zwischendurch-Leckerlis", Rülpsen und Schluckauf nach dem Essen, schnell ängstlich und nervös.	Argentum nitricum C30

Blasenentzündung, akut

Ganz **plötzlich** auftretende Schmerzen beim Wasserlassen, mit wenig Urin. Hunde unruhig bis ängstlich. Folge von kaltem Wind und trockener Kälte.	Aconitum C30
Folgen von feuchter Kälte. Brennende, plötzlich auftretende Schmerzen, bis zu Bauchkrämpfen (Hunde laufen mit hochgezogenem Rücken). Vermehrt Durst.	Belladonna C30
Ständiger Harndrang, sehr schmerzhaft, mit wenig Harn und eventuell ein paar Tropfen Blut im Urin. Hund schaut ängstlich nach hinten. Hat schon Angst beim Wasserlassen (Angst vor dem Schmerz).	Cantharis C30
Als Folge von Erkältung, Abkühlung oder Durchnässung wie etwa durch zu langes Baden im Bach o. Ä. (Auch im Sommer). Besserung durch Wärme.	Dulcamara C30
Versucht ständig zu urinieren, es kommt aber fast nichts. Während des Wasserlassens sehr schmerzhaft oder auch ohne Schmerzanzeichen. Tiere trinken sehr wenig Wasser.	Apis C30

Blasengries und Blasensteine

Blasengries und -steine eindeutig zu diagnostizieren ist für den Laien schwierig. Hinzukommt, dass beides für den Hund äußerst schmerzhaft ist. Bitte gehen Sie bei Verdacht zu einem Fachmann. Die nachfolgend aufgeführten Mittel können Sie – nach Absprache – begleitend anwenden.

Sehr schmerzhaft, Hund schaut sich beim Urinieren ängstlich um. Es kommen nur ein paar Tröpfchen. Urin tröpfelt einfach so, weil er den Urin nicht mehr halten kann.	**Cantharis** **C30**
Falls Cantharis im akuten Fall nicht sofort hilft, greifen Sie zu Sabal serulatum. Sehr schmerzhafter, ständiger Harndrang, mit wenig bis keinem Urin. Die heftigen Krämpfe sollten nach Einnahme des Mittels sofort nachlassen.	**Sabal serulatum C30**
Reinigt und stärkt die Blasenschleimhaut, bewährt bei akuten und chronischen Beschwerden. Gegensätzliche Symptome wechseln sich ab: Urin kann hell, dann wieder dunkel sein. Dem Hund geht es gut, dann ist er plötzlich schlapp und matt. Mal ist er durstig, dann wieder gar nicht.	**Berberis** **C30**
Zur Nachbehandlung von Harngries, Tiere neigen ständig zur Steinbildung. Tiere sind launisch, Appetit ist wechselhaft.	**Lycopodium** **C30**

Durchfall

Durchfall kann durch Vielerlei ausgelöst werden. Entscheidend für eine erfolgreiche Therapie ist, dass Sie auf die Auslöser achten, die dafür verantwortlich sind. Dies können sein: Futterumstellung, verdorbenes oder zu kaltes Futter, zu viel Knochen, kein artgerechtes Futter (Kuchen, Schokoladen etc.), Würmer, Überanstrengung, Unterkühlung, Hitze, Düngemittel, Stress, Angst, Gabe von Medikamenten wie Antibiotika und Schmerzmittel. Wenn der **Durchfall nach drei Tagen nicht verschwunden** ist, gehen Sie bitte mit dem Hund zu Ihrem Tierheilpraktiker oder Tierarzt (bei Welpen früher)! **Verweigert** Ihr Hund während der Durchfallerkrankung **das Trinken**, sollten Sie Ihren Fachmann unverzüglich aufsuchen.

Hunde, die draußen alles finden und auffressen: verdorbene Nahrungsmittel, schimmelige oder verdorbene Wurst und Fleisch. Auch nach Aufnahme von eiskaltem Wasser, Schneefressen, nach Fütterung der angebrochenen Futterdose direkt aus dem Kühlschrank. Der Durchfall stinkt nach Aas. Der Hund **magert** rasch ab. **Sehr erschöpfender** Durchfall. Er trinkt viel Wasser in kleinen Portionen und erbricht es wieder. Nächtliche Unruhe und Angst. Läuft nach Mitternacht im Haus umher. Tier sucht warme Orte auf (Heizung etc.).	**Arsenicum album** C30
Hund hat Verdorbenes beim Gassi gehen aufgenommen. Alte Wurst, alten Fisch, gammeliges Fleisch. Auch bei infektiösen Durchfällen bewährt. Hilft gut bei Insektizid- und Pestizidvergiftungen. Bei Durchfall nach Spaziergängen durch frisch gedüngte Felder und Gärten.	**Okoubaka** C30
Folge von verdorbener Nahrung, und/oder von Überfressen. Folge von nicht hundegerechter Nahrung (Süßigkeiten, Chips, etc.). Hund ist sehr schmerzempfindlich. Krämpfe mit Blähungen, der Bauch ist hochgezogen. Die Durchfälle sind hellbraun bis gelblich, ständiger Kotdrang des Hundes (Hund muss ständig raus).	**Nux vomica** C30

Praxistipp: Im Zweifel kombinieren Sie die 3 Mittel.

Durchfall als Folge von falscher Ernährung (z. B. zu viele Nudeln) oder von Schneefressen. Hund verträgt kein „Durcheinander"-Fressen und kein fettes Fleisch. Kot sehr veränderlich, grünlich schleimiger Durchfall oder schleimig-wässrig. Verschlechterung bei Wärme und im geschlossenen Raum. Besserung an der frischen Luft.

Pulsatilla C30

Durchfall ausgelöst durch Kälte oder Überanstrengung. Nach Baden in eiskaltem Wasser, Überanstrengung (z. B. bei Fahrradtour), Durchnässung (kalter Regen). Durchfälle wässrig, schleimig mit fauligem Geruch. Hund sucht warme Plätze auf.

Rhus toxicodendron C30

Durchfall bei Aufregung und Stress, z. B. vor Turnieren. Hund zittert vor Aufregung, er hat schreckliches Lampenfieber. Folgen von Schreck. Durchfall grünlich schleimig.

Gelsemium C30

Lampenfieber, Turnierstress, Angst vor unbekannten Ereignissen, hat sofort stinkenden Durchfall mit Blähungen. (Stressdurchfall).

Argentum nitricum C30

Durchfall als Folge von Medikamentengabe wie etwa **Schmerzmitteln** und **Antibiotika**, mit übel riechenden Blähungen. Hund hat aufgeblähten Bauch.
Durchfall und Verstopfung können sich an einem Tag abwechseln. Auch bei chronischem Durchfall und Juckreiz der Haut.

Sulfur C30

Durchfall und **Kreislaufschwäche**. Erschöpfender Durchfall mit Kollern und Rumpeln im Bauch. Abgang stinkender Blähungen verschaffen Erleichterung. Hund fühlt sich kühl an. Er ist matt und schlapp. Auch als Folge von verdorbenem Essen (Schimmelpilze). Durchfall faulig und nach Aas stinkend, dünn schleimig, wässrig breiig.

Carbo vegetabilis C30

Durchfall als Folge von **Impfung** oder einer **Infektion**. Heftiger, herausspritzender Durchfall kurz nach dem Füttern und Trinken. Mit heftigem Kollern und Rumpeln im Bauch. Durchfall ist breiig wässrig mit heller Farbe. Akut und chronisch.

Thuja C30

Durchnässung und Zugluft, Folgen von

Erkrankungen durch Zugluft und/oder eiskaltem Wind wie etwa Bindehautentzündungen oder Durchfall. Erkrankung setzt schlagartig ein.	Aconitum C30
Beschwerden, die aufgrund von abruptem Temperaturwechsel erfolgen, wie von beheizter Wohnung in den Schnee, Baden in eiskaltem Wasser bei hochsommerlichen Temperaturen, Zugluft: z. B. Gelenkschmerzen, Erkältung, Durchfall.	Dulcamara C30
Alle Folgen von Nässe und Kälte in Verbindung mit Überanstrengung (z. B. untrainiert eine lange Fahrradtour machen oder Hundesport betreiben).	Rhus toxicodendron C30

Durst, Durstlosigkeit

▷ Großer Durst

Sehr durstig, läuft häufig zur Wasserschüssel, trinkt aber immer nur kleine Schlucke.	Arsenicum album C30
Trinkt durstig ganze Wasserschüssel auf einmal leer, mag vorzugsweise kaltes und frisches Wasser.	Bryonia C30
Trinkt ständig, springt in jedes Wasser, trinkt immer sobald es möglich ist.	Phosphorus C30

▷ Durstlos

Trinkt so gut wie gar nichts, auch bei Fieber oder Durchfall.	Pulsatilla C30
Trotz Erkrankung durstlos (bei Herzerkrankung, Schwellungen, Ödem).	Apis C30

Eifersucht

Gutmütiger, anhänglicher Hund, der sehr **liebesbedürftig** ist, auch etwas ängstlich und zurückhaltend. Er holt sich seine Streicheleinheiten ab, stupst oder legt Pfote auf. Sehr eifersüchtig auf fremde Tiere oder andere Menschen. Kann schon mal zwicken (beißt nicht), ist völlig fixiert auf seinen Halter.	**Pulsatilla C30**
Ranghoher, sehr **selbstbewusster** und bellfreudiger Hund. Eifersucht mit heftigen Aggressionen gegen seine „Erzfeinde". Auch plötzliche Eifersucht seit seiner Kastration, ist launisch und zickig.	**Lachesis C30**
Eifersucht innerhalb der eigenen Tierfamilie (Hund, Katze, Pferd etc.). Wird sehr heftig und auch blutig ausgetragen. Hund ist extrem **wütend** und **zornig**, wenn andere bevorzugt werden und so ständig sein Rang (Stellung) in Frage gestellt wird.	**Chamomilla C30**

Entgiftung, Entschlackung, Ausleitungsmittel

In der Homöopathie versteht man unter Entgiftung die Ausleitung von allen Fremdstoffen, die den Körper belasten und blockieren wie Schwermetalle, Antibiotika, Cortison, Pestizide, Narkosemittel, Farbstoffe oder Konservierungsmittel. Der Körper kann nach Ausleitung dieser Schadstoffe anfangen, sich schneller zu regenerieren, eine Heilung setzt ein.
Auch bei chronischen und indifferenten Erkrankungen kann nach einer Ausleitungstherapie eine spontane Verbesserung des allgemeinen Zustandes sowie eine Heilung einsetzen.

Anregung von Stoffwechsel. Auch als Verstärker für andere homöopathische Mittel einzusetzen.	**Sulfur C30**

> **Praxistipp:** Bewährt hat sich die Behandlung mit Derivatio H Tabletten. 3-mal täglich 10 bis 14 Tage lang 1 Tablette.

Erbrechen

siehe auch Durchfall, siehe auch Blähungen

▷ Erbrechen, akut, ohne sonstige Beschwerden

Erbrechen von gelbem Schaum (Galle), nur **morgens** und nüchtern, ansonsten ist das Tier gesund. Praxistipp: Wenn Ihr Hund nur einmal täglich abends Futter bekommt, geben Sie ihm morgens einen Hundekeks oder eine kleine Portion Futter. Damit beruhigt sich die Magenschleimhaut und der Hundekeks ersetzt die Gabe von Bryonia.	**Bryonia C30**
Sofortiges Erbrechen nach **gieriger Futteraufnahme** oder nach dem Trinken einer sehr großen Portion Wasser. Danach ist der Hund sofort wieder hungrig und will erneut fressen. Praxistipp: Lassen Sie Ihren Hund gleich wieder fressen. Achten Sie aber darauf, dass er langsamer frisst.	**Phosphorus C30**
Erbrechen nach übergroßer Mahlzeit. Danach ist dem Hund schlecht. Auch nach zu **fettigem** oder zu kaltem Futter. Dem Hund geht es an der frischen Luft gleich besser. Hund fastet erst mal freiwillig, obwohl er ansonsten gierig frisst.	**Pulsatilla C30**

▷ Erbrechen, akut, mit Schmerzen

Erbrechen etwa 1 bis 2 Stunden nach Futteraufnahme. Hund zeigt einen schmerzhaft gekrümmten Rücken, er schaut kläglich zu seinem Bauch. Häufige Ursachen sind: Pestizidaufnahme während des Spaziergangs durch gespritzte Felder, Aufnahme von Dünger, nicht artgerechte Ernährung (z. B. Knochenfütterung), Unverträglichkeit von Medikamenten (Antibiotika, Cortison, Narkosemittel). Hund würde alles Erbrochene gleich wieder fressen.	**Nux vomica C30**

Praxistipp: Halten Sie Ihren Hund davon ab, das Erbrochene wieder zu sich zu nehmen.	
Mehrfaches, ständiges Erbrechen, das keine Linderung bringt. Häufig kombiniert mit Durchfall. Würgt, obwohl Magen schon leer ist. Ursachen wie oben.	**Ipecacuanha C30**
Praxistipp: Halten Sie Ihren Hund davon ab, das Erbrochene wieder zu sich zu nehmen.	
Wie oben, aber verbunden mit heftigen Krämpfen. Erbrechen in kurzen Abständen. Hund hat aber Durst auf kaltes Wasser.	**Belladonna C30**

Praxistipp: Fangen Sie bei Nux vomica an, nach 15 Minuten sollte eine deutliche Besserung eintreten. Wenn nicht, geben Sie Ipecacuanha und danach Belladonna.

▷ Erbrechen mit großer Schwäche und Durchfall

Anhaltendes Erbrechen nach verdorbenem Futter oder Medikamenten. Hund schwach und zittrig, ekelt sich vor angebotenem Futter, trinkt sehr viel, allerdings nur in kleinen Schlucken. Hund ist ängstlich und unruhig, vor allem nachts. Hund sucht Wärme.	**Arsenicum album C30**
Heftiges Erbrechen, mit rascher körperlicher Schwäche, oft einhergehend mit Durchfall. Sehr ernster Zustand mit Kreislaufproblemen, große Übelkeit. Erbrochenes ist schleimig und kann mit Blut durchsetzt sein. Folge von Nahrungsmittelvergiftung.	**Veratrum album C30**

Praxistipp: Wenn Ihr Hund ständig erfolglos versucht zu Erbrechen, suchen Sie sofort einen Tierarzt auf! Es besteht die Gefahr einer Magendrehung! Notfall!

Symptome von A bis Z

Fettsucht (krankhaftes Übergewicht)

Sehr gutmütige Hunde, mit schlaffem Bindegewebe (Hängebauch, Hängegesäuge), keine „Bewegungswunder", sehr wenig Ausdauer, keine Lust auf Bewegung. Unbändiger Hunger, bereits in jungen Jahren mollig.	**Calcium carbonicum C30**
Total verfressene, träge und gutmütige Hunde, die die Gemütlichkeit lieben. Gehen auseinander wie ein „Hefekloß". Essen und Schlafen sind für sie das Größte. Nach Kastration noch schlimmer. Träger Stoffwechsel, Unterfunktion der Schilddrüse und der Keimdrüsen.	**Graphites C30**

▷ **Fettsucht nach Kastration**

Tiere nehmen trotz strikter Diät nicht ab. Obwohl sie extrem wenig Futter bekommen, sind sie dick.	**Fucus vesicolosus C30**

Haarausfall

Haarausfall außerhalb des normalen Fellwechsels im Frühjahr und Herbst deutet auf eine Stoffwechselstörung hin, die verschiedene Ursachen haben kann.

▷ **Haarausfall, allgemein bewährt**

Bei dünnem, brüchigem Haar, brüchigen Nägeln, stumpfem glanzlosem Fell, kaum Unterwolle, mit ständigem Haarausfall. Kleinen Wunden heilen extrem langsam (schlechte Heilhaut).	**Silicea C30**
Bei Haarausfall ohne sichtbaren Anlass, extrem langsamen und dünnem Fellwuchs. Lässt sich sehr gut mit Silicea kombinieren.	**Calcium fluoratum C30**

▷ Haarausfall ohne Juckreiz

Hormonell bedingt. Bei kastrierten Tieren, nach Geburt, vor der Läufigkeit. Haarausfall sieht symmetrisch aus (z. B. Sattel auf dem Rücken, Hinterbeine sind symmetrisch kahl). Ohne jeglichen Juckreiz, dünne Haut, dünnes Haar. Kahle Stellen sind häufig dunkel pigmentiert.	**Sepia** **C30**
Kreisrunder Haarausfall, an verschiedenen Stellen des Körpers. Ohne allzu großen Juckreiz, meist mit Pilzbesiedelung.	**Arsenicum album** **C30**

▷ Haarausfall mit Juckreiz

Hund hat dünnes, glanzloses Fell mit stumpfen Farben, das leicht verfilzt. Haarausfall am Unterbauch, an den Gelenkbeugen. Mit Juckreiz. Folgen von einseitiger Ernährung, mit zu viel Konservierungs- und Farbstoffen. Aber auch Folge von großem Kummer.	**Natrium muriaticum** **C30**
Hund riecht schlecht. Juckreiz am ganzen Körper. Trockene und schuppige Haut, wenig Unterwolle. Hund wirkt „schmuddelig". Haut fühlt sich wärmer an. Fellwechsel zieht sich ewig dahin. An Schulter und auf der Rückenlinie brechen die Haare ab. Baden macht alles schlimmer. Folgen von Futterwechsel und Medikamenten.	**Sulfur** **C30**

Harnträufeln

siehe Inkontinenz

Hautausschläge

siehe auch Haarausfall, siehe auch Entgiftung

Ein Ausschlag der Haut kann vielerlei Auslöser haben wie Reiz- bzw. Konservierungsstoffe in der Nahrung oder Lebensmittelallergien. Er kann auch im Zusammenhang einer Erkrankung eines oder mehrerer Organe (Leber, Niere, Herz, Darm etc.), einem Parasitenbefall und den darauffolgenden allergischen Reaktionen, einem psychischen Stress (z. B. Ängste) oder Umweltbelastungen (Ozon, Pestizide) stehen. Wichtige Hinweise zur richtigen Mittelwahl geben neben dem Wissen über den Auslöser aber auch Geruch, Aussehen (Bläschen, Pickel, Formen und Farbe, trocken oder feucht) und etwaige Verlaufsformen (Juckreiz, Haarausfall).

Als Faustformel können Sie davon ausgehen, dass trockene Ekzeme auf eine fehlerhafte Leberfunktion und nässende auf Nierenprobleme hinweisen (auch wenn dies im Blutbild noch nicht nachweisbar ist). Die Behandlung von Hautausschlägen setzt ein komplexes Wissen der Stoffwechselzusammenhänge sowie der homöopathischen Mittel voraus. Bei komplizierten Hauterkrankungen holen Sie sich bitte Unterstützung von Ihrem Tierheilpraktiker oder tierheilkundlich arbeitenden Tierarzt.

▷ Hautausschläge aufgrund von Parasitenbefall

Folgen von Insektenstichen, kleine Knötchen oder warme harte Schwellung, eher trockene Haut mit Schuppenbildung, sehr starker Juckreiz. Kühlung bringt Besserung.	**Ledum** **C30**

Praxistipp: Zur Vorbeugung vor Zecken- und Flohbefall und den darauffolgenden allergischen Reaktionen geben Sie Ihrem Hund während der Zeckenzeit Ledum C200 alle 14 Tage 1 Gabe.

Folgen von Insektenbissen, ganz frische und akute Leckekzeme, Bläschen am Unterbauch. Teigige, warme, weiche Schwellung. Berührungsempfindlich, ruhelos und reizbar. Kühlung und frische kühle Luft bessert.	**Apis** **C30**

Folgen von Insektenstichen und Flohbissen, auch Herbstgrasmilben. Entsetzlicher Juckreiz, fast schmerzhaft, berührungsempfindlich, mit Bläschenbildung, die aufgebissen werden, mit feuchter und gelber Krustenbildung, wobei in diesem Stadium der Juckreiz etwas nachlässt, akuter Hotspot. Liebenswerter, gutmütiger Hund, der sich oft zu viel bieten lässt.

Staphisagria C30

▷ Hautausschläge mit Juckreiz, eher trocken

Folgen von unterdrückten Ausschlägen nach Antibiotika, Impfung, Flohhalsband oder aufgrund einer Futtermittelunverträglichkeit. Der Hund stinkt, heftiger Juckreiz, will sich blutig beißen, gelbe Krusten, Haut fühlt sich heiß an, Haar bricht ab. Lebhafte Tiere, etwas dickköpfig.

Sulfur C30

Folgen von schlechtem Futter mit Konservierungs- und Farbstoffen sowie Salz. Auch bei Kummer als Folge von Trauer, Verlust von Artgenossen oder Tierheimaufenthalt. Leidet unter Ekzemen an den Gelenkbeugen, Risse um After und Nase. Lässt sich nicht gerne von Fremden anfassen. Haut ist zu trocken. Bürsten mögen sie nicht, da die Haut zu empfindlich ist. Starker Juckreiz am ganzen Körper. Hund will seine Ruhe, ist mürrisch und zieht sich zurück. Er hat eine Gier nach Salzigem, das er aber nicht verträgt.

Natrium muriaticum C30

Ekzeme an Kopf, Schwanz, Unterbauch und an den Beinen. Im Sommer und bei psychischer Erregung wird es schlimmer (allein Ängste und Nervosität lösen die Ekzeme aus). Die Ekzeme sind trocken, schuppig und rissig. Die Haut reißt beim Kratzen schnell auf. Lebhafte, verspielte Hunde, die gerne kuscheln. Häufig bei Hunden, die Gewitterangst haben.

Phosphorus C30

Trockenes Ekzem. Kommt vor allem im Winter vor. An Pfoten und Beinen lokalisiert. Durchfall und Ekzeme wechseln sich ab.

Calcium phosphoricum C30

▷ Hautausschläge mit Juckreiz, trocken bis nässend

> Praxistipp: Wie erkennen Sie, dass Ihr Hund statt einem juckenden einen brennenden Hautausschlag hat? Sie können es daran festmachen, dass der Hund sich schleckt, anstatt sich zu kratzen.

Trockene chronische Ekzeme, mit vielen kleinen Schuppen. Die Haut ist sehr dünn, brennender und juckender Ausschlag mit Bläschen. Hund schleckt und beißt sich blutig. Haut riecht unangenehm. Haarbruch am Rücken. **Wärme bessert**. Die Tiere sind unruhig, ängstlich und erschöpft. **Nachts zwischen 1 und 3 Uhr** ist der Juckreiz am schlimmsten. Häufig in Verbindung mit Nierenstörungen und wundmachendem Ohrenausfluss.	**Arsenicum album** **C30**
Hund verströmt einen unangenehm modrigen Geruch. Hartnäckiger, nässender Ausschlag mit dicken, schmierigen Krusten. Kratzt sich blutig. Unerträglicher Juckreiz, der den Hund völlig erschöpft und nicht zur Ruhe kommen lässt. Der Hund ist auffällig kälteempfindlich und trotzdem **verschlimmert** sich der Juckreiz bei **Wärme** noch mehr.	**Psorinum** **C30**
Heftiger Juckreiz. Feuchtes, nässendes und auch trockenes Ekzem. Bildet dicke Krusten und auch Schorf. Teils tiefe Hauteinrisse. Patient will nicht angefasst oder berührt werden. Die Ausschläge kommen vor allem an Kopf, Ohren und Schnauze vor. Die Tiere ergrauen viel zu früh. Hochsensible Tiere, launisch und mit wechselhaftem Appetit.	**Lycopodium** **C30**
Starker Juckreiz. Nach Kratzen nässt die Haut. Gelbe, klebrige Krusten bilden sich. Teils auch tiefe Einrisse, die leicht bluten, ansonsten aber trocken bleiben. Betroffen sind vorzugsweise die Ohren, Augenlider, Schultergürtel, Oberschenkel und sämtliche Hautfalten. Der Hund neigt zur Fettleibigkeit. Er ist total verfressen. Er müffelt und neigt zu ständigem Haarausfall.	**Graphites** **C30**

Haut brennend, eventuell geschwollen mit roten Bläschen. Juckreiz und Brennen (Kratzen und Schlecken) wechseln sich ab. Orte: Innenschenkel, Unterbauch und an den Körperöffnungen. Nässe und Kälte verschlimmert. Wärme bessert. Bei Kontaktallergien (Gräser, Pflanzen, frisch gedüngte Felder, verschmutztes Wasser).	**Rhus toxicodendron C30**

Heimweh

Hund völlig verzweifelt, verweigert Essen und Trinken. Traurig bis hin zur Depression (etwa durch Familie im Urlaub und Hund muss zu einer Pflegestelle, Verlust von Rudelmtgliedern oder Hundefreunden, Tierheimaufenthalt). Stimmungen sehr wechselhaft bis zickig.	**Ignatia C200**

Husten

▷ Husten, akut

Ganz plötzlich auftretender Husten, ohne Auswurf, mit Unruhe und Angst. Meist nachts gegen 24 Uhr laut bellende Hustenattacken. Folgen von Zugluft, kaltem Wind und Abkühlung (1. Entzündungsmittel, auch mit Fieberentwicklung).	**Aconitum C30** (alle ½ Stunde, bis Besserung eintritt)
2. Entzündungsmittel: Hund hat „Aconitumzustand" überschritten. Husten hört sich bellend und rau an. Der Hund hechelt aufgeregt und ist unruhig.	**Belladonna C30**
Krächzender Husten mit Giemen, berührungsempfindlich am Hals. Bellender, trockener Husten, hört sich an, als ob der Hund **erstickt**. Nachts und bei Aufregung schlimmer. Er möchte fressen, da es bessert. Mag zimmerwarmes Wasser trinken und lässt sich sogar einen Schal um den Hals binden, da die Wärme wohl tut.	**Spongia C30**

Ganz schlimme Hustenanfälle. Bellender, blecherner, extrem lauter Husten. Vor allem nachts. Ringt nach Luft, würgt und erbricht, mit Schleimrasseln. Schlimmer im Liegen, beim Bellen und in der Wärme.	**Drosera** C30
Husten, der nach einer Zwingerhustenimpfung (auch bis 14 Tage nach der Impfung) auftritt.	**Thuja** C30
Trockener und harter Husten, ausgelöst durch zu viel Bellen, durch Aufregung, durch Ziehen an der Leine. Temperamentvolle und anhängliche Hunde, trinken gerne kaltes Wasser. Hund will trotz Husten fressen. Mittel hilft vorbeugend gegen Lungenentzündung.	**Phosphorus** C30

Praxistipp: Kombinieren Sie die Mittel. Das hat sich gerade bei Zwingerhusten sehr bewährt, da die Hunde viel schneller wieder fit werden. Alternativ können Sie auch das Komplexmittel GrippHeel 3-mal täglich 1 Tablette maximal 10 Tage geben.

▷ Husten, chronisch

Bei Husten, der länger als ungefähr 10 Tage dauert, gehen Sie bitte unbedingt zu Ihrem Tierheilpraktiker bzw. Tierarzt und lassen ihn untersuchen. Die Ursachen für einen lang andauernden Husten können vielfältig sein: Herzprobleme, Reizhusten bei Aufregung, Wurmbefall, Allergien, Fremdkörper im Hals etc.

Praxistipp: Wenn Ihr Hund an der Leine zieht, versuchen Sie es doch einmal mit einem Hundegeschirr! Ihr Hund wird es Ihnen danken, denn jeder Zug an der Leine verursacht eine Quetschung des Kehlkopfes. Dieser kann sich daraufhin entzünden und einen sehr unangenehmen Husten verursachen.

Insektenstich

siehe auch Hautausschläge aufgrund Parasitenbefalls

▷ Bienen- und Wespenstich

| Heiße, rote, dicke Schwellung. Kühlende Umschläge tun gut. | **Apis** C30 |

Praxistipp: Zur Vorbeugung und Immunisierung von Bienen- und Wespenstichen geben Sie alle 14 Tage 4-mal 1 Gabe Apis C200.
Kühlende Umschläge mit Retterspitz verschaffen Linderung.

▷ Floh- und Zeckenbiss

| Zur Entzündung neigende Floh- und Zeckenbisse, kleine feste Knoten mit Juckreiz. | **Ledum** C30 |

Praxistipp: Zur Vorbeugung von Floh- und Zeckenbissen sowie deren Folgen geben Sie während der Zeckenzeit alle 14 Tage 1 Gabe Ledum C200. Weitere Tipps siehe bei Zeckenbefall.

Inkontinenz

▷ Inkontinenz bei Jungtieren und Aufregung

| Vor Freude und Aufregung (z. B. Wiedersehensfreude), auch bei Angst verliert der Hund etwas Urin. Zittert häufig vor Aufregung. | **Gelsemium** C30 |
| Überwiegend Jungtiere, die lebhaft und verspielt sind. Reagiert mit unwillkürlichem Urintröpfeln bei Wiedersehensfreude von Familienmitgliedern. Aber auch bei Angst vor Bestrafung. | **Phosphorus** C30 |

▷ Inkontinenz bei Hündinnen nach Kastration

Urinlache im Hundebett bei sonst stubenreiner Hündin, die selber davon nichts bemerkt. Eventuell schlaffes Bindegewebe und Hängegesäuge.	**Sepia** C30
Bei älteren Tieren, die überwiegend in der Nacht und beim Schlafen eine Pfütze hinterlassen, ohne dass sie es mitbekommen. Wenn doch, ist es ihnen unangenehm. Kommt auch als Folge von Arthrosen im Rücken und Spondylosen vor.	**Causticum** C30

▷ Inkontinenz als Folge einer Verletzung

Nach Autounfällen, Verletzungen. Auch wenn Unfall längere Zeit her ist.	**Arnica** C30

Lahmheit

siehe Verletzungen und Wunden

Liegeschwielen

Liegeschwielen sind ein Hinweis auf schlechtes Bindegewebe und auf unzureichenden Mineralstoffwechsel.

Strafft Bindegewebe und Haut. Empfindliche dünne Haut, Fell und Nägel sind dünn und brüchig, schlechte Wundheilung. Liebe, ruhige und nachgiebige Hunde, die aber in bestimmten Situationen stur sein können.	**Silicea** C200
Sehr lebhafte Hunde. Können sich vor lauter Temperament schlecht konzentrieren. Allgemeine Bänder- und Bindegewebsschwäche. Verletzen sich schnell, Hautverletzungen entzünden sich leicht. Total verfressen und doch schlank. Manchmal durchtrittige Gelenke.	**Calcium fluoratum** C30

| Ruhige, gutmütige und extrem verfressene Hunde, mit hartnäckigen Hautproblemen aller Art. Hautverdickungen und -verhornungen können auch an anderen Stellen auftreten. Lieben die Wärme, frieren schnell. | **Graphites** C30 |

Nasenausfluss

▷ **Nasenausfluss, akut**

| **Plötzlich** auftretend nach kaltem Wind oder Zugluft. Aus der Nase läuft wässriges Sekret, eventuell mit kurzem, trockenem Husten. | **Aconitum** C30 |

> Praxistipp: Aconitum ist das Anfangsmittel. Rechtzeitig gegeben, stoppt das Mittel die beginnende Erkältung.

| Nach Zwingerhustenimpfung (auch 2 Wochen danach) bzw. entsprechenden Mehrfachimpfungen hängt plötzlich **zäher Schleim** in der Nase, teilweise mit heftigem Husten. | **Thuja** C30 |

| Häufiger und **heftiger Niesreiz**. Das heftige Niesen macht die Hunde ganz nervös. Reibt mit der Nase am Boden oder mit der Pfote über die Nase. Beim Niesen schlägt er mit der Nase auf dem Boden auf. Ausfluss ist schleimig. | **Euphorbium** C30 |

| Niesen mit allergischer Komponente. Vor allem im Sommer und Frühjahr bei Gräserblüte. Heißes und warmes Wetter mag der Hund gar nicht, er bewegt sich nur ungern. Der Nasenausfluss ist **wässrig** und **wundmachend**. | **Gelsemium** C30 |

Nasenausfluss, subakut bis chronisch

Ein Mittel bei fortgeschrittenen Schnupfen, der pausenlos zwischen Stockschnupfen und Fließschnupfen wechselt. **An der frischen Luft wird es gleich besser.** Im Zimmer wieder dicker, zäher, gelbgrüner Rotz. Hat auffallend wenig Durst und ist sehr liebesbedürftig.	Pulsatilla C30
Nase total verstopft, muss durchs Maul atmen. **Wärme bessert.** Hartnäckiger, zäher, fadenziehender Schleim.	Kalium bichromicum C30

Nierenbeschwerden

Nierenbeschwerden, akut

Ganz **plötzlich** auftretend, durch Erkältung, kalten Wind oder Stress. Der Hund ist sehr unruhig und ängstlich. Versucht, öfters Urin abzusetzen, was äußerst schmerzhaft ist. Fieber kann schnell ansteigen mit Zittern (wie Schüttelfrost). Viel Durst, Berührungsangst.	Aconitum C30
Als Erkältung begonnen oder als aufsteigende Entzündung von den unteren Harnwegen, **schnell ansteigendes Fieber**, Herzklopfen. Eventuell Fressunlust. Krankheit entwickelt sich langsamer wie oben (Aconitum). Abends schlechter, durch Ruhe besser.	Ferrum phosphoricum C30
Akuter Zustand mit brennenden Schmerzen in der Nierengegend, eventuell Schwellungen. Hunde suchen kalte Plätze (kalte Badfliesen o.Ä.). Bei Hitze und Wärme schlechter, unruhig und nicht durstig.	Apis C30
Sehr schmerzhafter, ständiger Harndrang. Harn wird nur tröpfchenweise oder gar nicht abgesetzt. Harn kann Blut enthalten. Hund leidet unter extremen Schmerzen, teils mit Blasenentzündung.	Cantharis C30

> Praxistipp: Die Mittel lassen sich sehr gut kombinieren.

▷ Nierenbeschwerden, subakut

Die subakute Nierenentzündung sollte von Ihrem Tierheilpraktier oder Tierarzt diagnostiziert werden. In Absprache können Sie nachstehende Mittel begleitend einsetzen.

Akut bis subakute Nierenentzündung mit Schmerzen. Große Mengen Urin. Urin kann Blutspuren enthalten und nach rohem Fleisch riechen. Hund ist schwach und ängstlich, Nierengegend schmerzhaft, mag dennoch Berührung und sucht Nähe. Erbrechen, sobald das Essen im Magen warm ist. Im Blutbild sind pH- und Eiweißwerte zu hoch. Mit nächtlicher Verschlimmerung.	**Phosphorus C30**
Nierenprobleme nach Vergiftung, nach schwerer Erkrankung und bei alten Hunden. Hunde sind vor allem nachts sehr unruhig und wandern umher. Viel Durst, Hund trinkt nur in kleinen Schlucken. Arsenicum ist das Hauptmittel bei Schrumpfnieren. Der Hund sucht Wärme und liebt es, zugedeckt zu sein. In chronischen Fällen magert der Hund immer mehr ab. Weitere Symptome sind: auffallende Schwäche, Hautekzeme, Schuppen, fauliger Geruch.	**Arsenicum album C30**
Bei wiederkehrenden Nierenbeschwerden: Nierenentzündungen als Folge von sich immer wieder bildendem Nierengrieß und / oder Nierensteinbildungen. Schmerzen beim Harnlassen mit Krämpfen und Koliken. Rücken schmerzhaft vor dem Harnabsatz hochgezogen, nach dem Urinieren besser. Hunde müssen nachts ständig raus.	**Lycopodium C30**

▷ Regenerationsmittel

Charakteristisch ist der schnelle Wechsel aller Symptome: Urin wechselt von hell zu dunkel und wieder zurück, mal ist der Hund topfit, dann wieder schlapp, mal hat der Hund Durst, dann wieder nicht ect.	**Berberis** **C30**

Praxistipp: Berberis leitet und spült die Harnwege aus. Wirkt der Nierensteinbildung entgegen, entgiftet und spült die Nieren. Sehr gut mit Lycopodium zu kombinieren.

Gut wirksames Nierenmittel bei gestörter Nierenfunktion (Blutbild weist schlechte Nierenwerte auf). Nach akuten Nierenentzündungen, nach Vergiftungen, nach Dackellähme, bei altersbedingter Nierenschwäche. Entgiftet und spült die Niere sehr vorsichtig, damit sie sich erholen kann.	**Solidago** **C30**

Ohrenbeschwerden

Hinweis: Bei Ohrenbeschwerden mit akuten, heftigen Schmerzen, die nicht sofort besser werden, suchen Sie mit Ihrem Hund bitte schnellstmöglich Ihren Tierheilpraktiker bzw. Tierarzt auf.

▷ Ohrenbeschwerden, akut

Plötzlich auftretende heftige Ohrenschmerzen, der Hund hält den Kopf schief und klappt das Ohr herunter. Ausgelöst durch kalten Wind, Baden in kaltem Wasser. Ohr leicht gerötet und fühlt sich etwas wärmer an. Hund ist unruhig (Anfangsmittel bei allen Entzündungen).	**Aconitum** **C30** (im akuten Fall geben Sie das Mittel alle 15 Minuten (1 Gabe) bis Besserung eintritt)

Ohr ist bereits hochrot, heiß und geschwollen. Sehr schmerzhaft mit Fieber. Der Hund ist sehr unruhig, ängstlich oder benommen. Berührungsempfindlich. **Verschlimmerung abends und bei Kälte**.	**Belladonna** **C30**
Unerträglicher Schmerz, Hund lässt sich unter keinen Umständen ans Ohr fassen. Er rennt weg, bellt oder beißt, wenn man es versucht. Absonderung flüssig, eitrig und blutig. Eiter kann nach altem Käse riechen. Sobald der Eiter und / oder Ohrschmalz fließt, lassen die Schmerzen nach. **Geringste Kälteeinwirkung verschlechtert**.	**Hepar sulfuris** **C30**
Sehr heftige Schmerzen, die in keinem Verhältnis zur Krankheit stehen. Der Hund lässt sich durch gar nichts beruhigen (toll vor Schmerz), reagiert zornig und wütend. Er ist durstig, hat Fieber. **Abends schlechter, Wärme bessert**. Bei sensitiven Tieren.	**Chamomilla** **C30**

> Praxistipp: Kombinieren Sie die Mittel, alternativ geben Sie 3- bis 5-mal täglich 1 Tablette Traumeel. Im hochakuten Zustand können Sie diese Tabletten in 15-minütigem Rhythmus geben, bis Besserung eintritt. Die Bachblüten-Notfalltropfen unterstützen ebenfalls positiv.
> Nach der Gabe des richtigen homöopathischen Mittels muss bei hochakuten Entzündungen binnen 5 – 10 Minuten eine sichtbare Verbesserung eintreten, ansonsten gehen Sie bitte sofort zum Tierheilpraktiker bzw. Tierarzt.

▷ Ohrenbeschwerden, chronisch

Liebe, anhängliche Hunde, geschwollene Ohrmuschel, sehr **milder gelbgrüner** Ausfluss. Hund hört schlecht. Keine oder kaum Schmerzen. Abends verstärken sich die Symptome.	**Pulsatilla** **C30**
Chronischer Ausfluss mit Krusten und Borken am äußeren Gehörgang. Hunde sind sehr **kälteempfindlich**. Wärme bessert. Dünner, **wundmachender** Ausfluss. Tiere sind gegenüber Fremden scheu. Langsame Heilung und ständig wiederkehrende Ohrenbeschwerden.	**Silicea** **C30**

Trockener Ohrenausschlag im äußeren Gehörgang und hinter den Ohren. **Honigfarbenes Sekret**, wenig bis nahezu keine Schmerzanzeichen. Etwas Juckreiz besteht. Tiere sind extrem verfressen und träge (faul).	**Graphites** C30
Chronisch seit Jahren ständig wiederkehrender Ausfluss, **gelb-braune Farbe**. Geruch wie gekochtes Fleisch (modrig). Gefräßige Tiere mit Hautproblemen und starkem Juckreiz. Vor allem im Winter und bei Ohrmilben. Im Sommer besser.	**Psorinum** C30
Auch subakut bis chronische Gehörgangentzündungen. Ohren sehr warm. Hund neigt zu Hautproblemen (Ekzemen). Hunde riechen meist sehr streng. Gerne als Folge von Medikamenten. Sehr gutes Reaktionsmittel und gut zu kombinieren.	**Sulfur** C30

Operationsvor- und -nachbereitung

Mittels geeigneter homöopathischer Mittel können die Folgen einer Operation vor- und nachbereitet werden. Ziel ist eine verbesserte Wundheilung, eine schnellere Erholung von der Narkose und von sonstigen Operationsfolgen. Beginnen Sie mit den Gaben 1 bis 2 Tage vor der Operation.

Wichtigstes Mittel vor und nach der Operation ist Arnica. Damit erholen sich die Tiere viel schneller. Die Wundheilung wird positiv unterstützt. Sehr gut mit Nux vomica zu kombinieren.	**Arnica C30** (1-mal täglich 1 Gabe)
Bei Hunden, die eine Narkose und Schmerzmittel schlecht vertragen, die mit Übelkeit und Erbrechen reagieren und lange brauchen, um aus der Narkose zu erwachen. Der Hund ist schneller wieder fit. Gibt man das Mittel vor der Operation, fallen die lästigen Nebenwirkungen (Erbrechen, Übelkeit) weg.	**Nux vomica C30** (1-mal täglich 1 Gabe)

Am Morgen der Operation geben. Nimmt etwas die Angst und Aufregung und stoppt eventuell auftretende Blutungen während der Operation. Narkose wird viel besser vertragen. Nach der Operation wird Phosphorus als Stärkungsmittel eingesetzt, vor allem bei großem Blutverlust während der Operation.	**Phosphorus C30** (1-mal täglich 1 Gabe)
Zwei Tage vor der anstehenden Operation geben Sie Thuja. Die Narkose wird viel besser vertragen. Lästige Nebenwirkungen treten nicht auf.	**Thuja C30** (1-mal täglich 1 Gabe)

Scheinträchtigkeit, Scheinschwangerschaft

Scheinträchtigkeit ist an sich keine Erkrankung. Sie tritt etwa 6–9 Wochen nach der Läufigkeit auf. Die Hündin bereitet sich auf den vermeintlichen Wurf vor. Ihr Verhalten kann viele Gesichter haben: Nestbau, Spielzeug umhertragen oder beschützen, weinen, winseln, appetitlos, aggressiv, träge, traurig, häufig einhergehend mit Milchbildung im Gesäuge. Stress für Hündin und ihren Menschen. Hierbei handelt es sich um eine Hormonstörung, die sich regulieren lässt. Unterstützend zur medikamentösen Therapie sollten Sie die Hündin etwa durch viel spielen, spazieren gehen ablenken. Die Flüssigkeit, die aus den Zitzen kommt, ist übrigens ganz normale Milch.

Appetitlosigkeit und Heißhunger möglich. Geschwollenes Gesäuge, unregelmäßige Läufigkeit. Die anhängliche und eifersüchtige Hündin will das Haus und Nest nicht mehr verlassen. Betreibt Nestbau, bewacht und bemuttert eifersüchtig Spielsachen. Gesäuge neigt zur Knotenbildung. Launisch bis traurig, trinkt wenig Wasser. Milchbildung oft nur in den letzten 2 Zitzen. **Sucht Trost**. Besserung bei Bewegung an der frischen Luft.	**Pulsatilla C30**

Praxistipp: Bei Hündinnen, die ständig scheinträchtig werden, gibt man nach der Hitze 7–10 Tage lang 1-mal täglich 1 Gabe Pulsatilla C30. Eine Kastration der Hündin kann empfehlenswert sein.

Selbstbewusste Hündin, extrem zickiges Verhalten, geringe Milchbildung, Launen wechseln ständig, sind unberechenbar. Teilweise aggressiv, dann wieder traurig. Lustlos mit Winseln, denkt, sie wäre im Mutterglück. Große Frustration und Trauer, verweigert Fressen, leicht beleidigt, zieht sich zurück, **lässt sich nicht trösten**.	**Ignatia** **C30**

Praxistipp: Am Ende der Scheinträchtigkeit, wenn große Trauer besteht, geben Sie 3 Tage lang je 1 Gabe Ignatia C200 und die Trauer verschwindet.

Schussangst

siehe Angst

Überanstrengung

Folgen von Überanstrengung nach einer Radtour, Hundesport, eventuell mit Lahmgehen. Bei Prellungen, Zerrungen, Verstauchungen durch wildes Herumtollen (passiert gerne in der Welpengruppe). Schmerzen bessern sich bei leichter Bewegung (Hunde „**laufen sich ein**"). Schlechter bei Nässe, Kälte, Stehen, nach dem Liegen.	**Rhus toxicodendron C30**
Folgen von Überanstrengung. Zu viel, zu wild, daraus folgende Unfälle. Stürze beim Toben, Verstauchungen, Zerrungen, Prellungen. Extremer **Muskelkater**.	**Arnica C30**

Praxistipp: Beide Mittel lassen sich hervorragend kombinieren. Im Vorfeld, vor großen Anstrengungen wie etwa vor Turnieren, als „Homöopathisches Dopingmittel" einsetzbar.

Vergiftung

Bitte gehen Sie bei Verdacht einer Vergiftung sofort zu Ihrem Tierarzt oder in die nahe Tierklinik! Bei Vergiftung durch Rattengift geben Sie – falls zur Hand – vorab Lachesis und Belladonna.

> Merkmale einer Vergiftung können sein: Vermehrtes Speicheln, schneller Puls, Zittern, Kreislaufkollaps, Durchfall oder auch Verstopfung etc. Ein sicheres Anzeichen ist natürlich, wenn Sie Ihren Hund bei der Aufnahme „erwischt" haben. Bewahren Sie eine Probe des Giftes (auch Beipackzettel sind hilfreich) bzw. des Erbrochenen auf und nehmen Sie sie mit zu Ihrem Tierarzt.

▷ Vergiftung durch Futter

Durch verdorbenes, verschimmeltes rohes oder gekochtes Fleisch, gammelige Wurst, Fischvergiftung, bei Schmerzmittelunverträglichkeiten.	**Arsenicum album** **C30**
Durch vergammeltes Futter wie oben. Auch bei Vergiftung durch Pestizide, Farben, Lacke (es reicht die Aufnahme durch die Nase), Chemie aller Art, frisch gedüngte Felder (sieht und riecht der Mensch leider oft nicht). Nach der Vergiftung zur Erholung und Darmaufbau. Die Giftreste werden ausgeschieden.	**Okoubaka** **C30**

▷ Vergiftung durch Rattengift

Die Blutgerinnung wird durch Rattengift herabgesetzt. Lachesis wirkt diesem entgegen. **Sofort zum Tierarzt!**	**Lachesis** **C30**
Starke Krämpfe, abwesend weggetretener Blick, ängstlich, panisch, erkennt den Besitzer nicht mehr. Falls zur Hand, sofort Belladonna geben. **Sofort zum Tierarzt!**	**Belladonna** **C30**

▷ Vergiftung durch Arzneimittel

Folgen von Arzneimittelmissbrauch, Schmerzmittel und Narkosemittel, mit Durchfall und Erbrechen, selbst starke **Krämpfe** möglich.	**Nux vomica** **C30**
Folgen von zu viel **Antibiotika**, auch Schmerz- und Narkosemittel. Mit Durchfall und Erbrechen.	**Sulfur** **C30**
Bei zu viel und zu häufigen Gaben von chemischen **Beruhigungsmitteln**, **Cortisonmissbrauch**.	**Phosphorus** **C30**
Nach Impfungen. Vor allem bei **Unverträglichkeit von Impfstoffen** und **Narkosen**.	**Thuja** **C30**

Verletzungen und Wunden

Bitte suchen Sie bei starken Blutungen, großen Verletzungen, tiefen Risswunden, auch nach Autounfällen unverzüglich Ihren Tierarzt auf!

▷ Verletzungen, allgemein

Erstes und wichtigstes Mittel bei Verletzungen grundsätzlich aller Art.	**Arnica** **C30** (alle 15 Minuten 1 Gabe)

▷ Verletzungsschock

Nach Autounfällen, Hundekämpfen auf Leben und Tod. Der Hund hat eine blasse Maulschleimhaut, ist ängstlich, friert, ist verwirrt bis apathisch.	**Aconitum** **C30** (alle 15 Minuten 1 Gabe)

Praxistipp: Sehr bewährt haben sich die Bachblüten-Notfalltropfen. Alle 10 Minuten ein paar Tropfen ins Maul bzw. in den Mund (bei Hund, Frauchen und Herrchen). Entspannt die Situation und alle kommen unfallfrei bis zum nächsten Tierarzt.

▷ Verletzungen durch Schläge, Stürze, Prellungen

Bei allen Arten von Verletzungen. Kopfverletzungen, bei allen Blutergüssen am Körper. Hund wie benommen, orientierungslos.	**Arnica** C30
Bei allen Nervenverletzungen mit großen Schmerzen. Verletzungen und Stauchungen des Rückenmarks, Gehirnerschütterung mit starken Schmerzen, bei allen Quetschungen (z. B. Pfoten in der Türe eingeklemmt, Ohren angeschlagen).	**Hypericum** C30
Bei allen Knochenhautverletzungen, Gelenkschmerzen und Zerrung von Sehnen und Bändern. Sehr schmerzhaft, jede Bewegung verschlimmert.	**Ruta** C30

▷ Verstauchungen und Zerrungen

Bei Muskel- und Sehnenverletzungen. Leichte Bewegung bessert die Schmerzen. Trotz anfänglicher Schmerzen läuft der Hund „sich ein". Besser durch Wärme.	**Rhus toxicodendron** C30
Bei Verstauchungen und Zerrungen der Muskeln, Sehnen und Gelenkskapseln. Die kleinste Bewegung schmerzt ganz schlimm, Hund macht von sich aus keinen Schritt, „läuft sich nicht ein" wie bei Rhus toxicodendron.	**Bryonia** C30
Bei Verstauchungen und Verletzungen der Knochenhaut, bei Zerrungen und Rissen von Gelenkbändern. Gutes und bewährtes Mittel bei Knochenbrüchen, unterstützend zur chirurgischen Versorgung.	**Symphytum** C30

Praxistipp: Die Mittel lassen sich hervorragend kombinieren. Sie können auch stattdessen Traumeel-Tabletten 3- bis 5-mal täglich 1 Tablette oder ReVet RV 25 3- bis 5-mal täglich 6–8 Globuli geben. Sie sind hervorragende Mittel bei Verletzungen aller Art.

Verstopfung

Die möglichen Ursachen einer Verstopfung sollten dringend von Ihrem Tierheilpraktiker bzw. Tierarzt abgeklärt werden. Es muss ausgeschlossen werden, dass sie nicht die Folge eines mechanisches Hindernisses, wie etwa ein verschluckter Gegenstand, oder eines Problems der Prostata beim Rüden ist.

Folge von zu viel Futter, auch durch ungewohnte Knochenfütterung sowie durch ungeeignete Ernährung, eventuell durch Medikamente verursacht. Vergeblicher Kotdrang, Hund zieht vor Schmerz den Rücken hoch, berührungsempfindlich.	**Nux vomica** C30
Verstopfung als Folge von Medikamenten, chronische Darmprobleme. After ist rot und juckend. Manchmal mit Verstopfung und Durchfall in einem Stuhlgang (erster Kot ist sehr hart, der Rest besteht aus Duchfall).	**Sulfur** C30
Durchfall und Verstopfung wechseln sich ab. Jeder Kot sieht anders aus. Gutmütige, verfressene, anhängliche Hunde.	**Pulsatilla** C30
Gutmütige, sehr faule und extrem verfressene Hunde. Verstopfung mit stinkendem Kot und übel riechenden Blähungen. Kot ist knollig hart, unter Umständen mit Schleim bedeckt. Kaum Kotdrang, brauchen Bewegung bis der Haufen endlich kommt. Leiden auch unter Hautproblemen.	**Graphites** C30
Kot ist trocken und hart. Erster Kot ist hart, später dann weicher. Vergebliche Versuche, Kot abzusetzen. Auch nach erfolgreichem Kotabsetzen versucht er es weiter. Viele Blähungen. Im Urlaub Kotprobleme, da nicht zu Hause.	**Lycopodium** C30

▷ Extreme Verstopfung

Bei alten Hunden mit extremer Verstopfung. Meist sehr magere Tiere. Kein oder kaum Kotdrang. Kot ist hart und knollig. Wird sehr mühsam entleert und dauert ewig Hunde leiden unter trockener und schuppiger Haut.	**Alumina** C30
Kot ist extrem hart und knollig, überhaupt kein Kotdrang. Darm ist total schlaff, wie gelähmt und schmerzlos. Oft bei sehr alten Hunden und nach Narkosen und Operationen aller Art.	**Opium** C30

Praxistipp: Um den Magen-Darm-Trakt zu regulieren, wenden Sie folgende Kur an:
Carbo vegetabilis C30
Nux vomica C30
Okoubaka C30
12 Tage im täglichen Wechsel 1 Gabe täglich.
Geben Sie zusätzlich 1 Esslöffel weißen, ungesüßten Joghurt ins Futter.

Warzen

Hauptwarzenmittel. Warzen gestielt, blumenkohlartig mit Blutungsneigung. Nach Impfungen auftretend, auch auf den Schleimhäuten. Im fortgeschrittenen Alter können Warzen am ganzen Körper verteilt auftreten.	**Thuja** C30

Praxistipp: Mit Thuja-Tinktur die Warzen äußerlich betupfen.

Warzen an den Haut-Schleimhautübergängen wie Maul, Lefzen, Augenlid, Ohren, Analbereich. Nässen, jucken und bluten leicht, auch blumenkohlartiges Aussehen. Nach chirurgischer Entfernung kommen sie immer wieder.	**Acidum nitricum** C30
Bei Warzen im Welpenalter und bei alten Hunden. Kleine, harte Warzen, die kaum über der Hautoberfläche verlaufen. Eventuell etwas feucht. Vorwiegend an den Beinen, Pfoten, am Rumpf und am Ohr.	**Calcium carbonicum** C30
Harte und trockene Warzen. Warzen im Gehörgang. Wulstig verhornt. Glatte, eventuell schmierige Beläge. Gerne im Gesicht, an der Nase, Hals, Rücken, Pfoten und Beine und bei älteren Tieren.	**Causticum** C30
Extrem stark juckende Warzen, die leicht bluten. Im Bereich der Körperöffnungen.	**Staphisagria** C30

Welpenekzem

Bei schlaffen, molligen Welpen. Roter Ausschlag am Bäuchlein, Unverträglichkeit von Milch, langsame Entwicklung, zögerlicher Zahnwechsel.	**Calcium carbonicum** C30

Wundbehandlung

siehe auch Verletzungen und Wunden, siehe auch Abszess

▷ Schnittwunden

Erstes Mittel bei Wunden und Verletzungen. Verbessert die Heilung, unterstützt die Blutgerinnung und beugt Wundinfektionen vor, auch bei notwendigen Operationswunden (siehe Operationsvorbereitung).	**Arnica** C30

Bei Schnittwunden und vor allem bei schlecht heilenden Operationswunden. Bei Bauchwunden mit Serombildung (Wundwasser) und verzögerter Narbenbildung. Bei Narbeneiterung und bei Narbenwildwuchs.

Staphisagria C30

▷ Stichwunden

Wunden durch Stiche aller Art, Insektenstiche, Spritzenabszess, Stichverletzung durch spitze Gegenstände wie Nadeln, Messerstiche, Stacheln von Wespen oder Bienen, Schlangenbisse. Sehr schmerzhaft, kann sich schnell entzünden und anschwellen.

Ledum C30

Bei Insektenstichen, mit Schwellung.

Apis C30

> **Praxistipp:** Wird Ihr Hund öfter gestochen, weil Bienenstöcke oder Wespennester in der Nähe stehen, geben Sie ihm prophylaktisch Apis C200 3- bis 5-mal 1 Gabe alle 14 Tage. Damit immunisieren Sie Ihr Tier. Die Stiche machen ihm nicht mehr so viel aus und mögliche allergische Reaktionen kommen so erst gar nicht auf.

▷ Quetschwunden

Mit Hautblutung, das Wundmittel Nummer 1.

Arnica C30

Quetschungen, sehr schmerzhaft, oft sind die Pfoten betroffen, lindert die Schmerzen schnell. Bei allen Wunden mit Nervenverletzungen.

Hypericum C30

Bei Quetschungen aller Art mit sehr großen Schmerzen, nach Operationen oder bei älteren Verletzungen, die auf Arnica nicht mehr ansprechen.

Bellis perennis C30

Wurmbefall, Wurmbehandlung

Mit homöopathischen Mitteln kann man die Würmer nicht töten wie mit den herkömmlichen Wurmmitteln des Tierarztes. Man kann aber den Darm des Hundes so stärken, dass sich die Würmer dort nicht mehr aufhalten wollen. Unter Wurmbefall leiden in der Regel Welpen, oder ältere, geschwächte Tiere. Gesunde, erwachsene Tiere haben selten Probleme. Eine konstitutionelle homöopathische Behandlung für den Hund ist das Beste, da ständiger Wurmbefall (außer Bandwürmer) beim erwachsenen Hund auf eine Grunderkrankung hinweist. Lassen Sie etwa 2-mal jährlich eine Kotprobe beim Tierarzt untersuchen.

Bei Junghunden und Welpen mit dicken Bäuchen, schlaffen Gelenken, mit Verdauungsstörungen und Entwicklungsrückstand. Aber auch beim älteren Hund und bei ständig wiederholtem Wurmbefall.	**Calcium carbonicum C200** (1-mal wöchentlich, über 4 Wochen 1 Gabe)

Praxistipp: Zur Vorbeugung geben Sie Calcium carbonicum C200 über 4 Wochen 1-mal wöchentlich 1 Gabe. Dies bewirkt aufgrund der Milieuveränderung im Darm eine wurmabweisende Wirkung.

Bei Spulwurmbefall. Struppiges Fell, Hund frisst Unmengen, nimmt aber trotzdem ab.	**Abrotanum C30** (10 Tage lang je 1 Gabe)
Hartnäckiger Bandwurmbefall, falls Calcium carbonicum nicht anschlägt.	**Natrium muriaticum C200** (4 Wochen je 1 Gabe wöchentlich)

Zahnen, Zahnwechsel

Hundewelpen kommen zahnlos zur Welt. In der 3.–4. Woche brechen die Milchzähne durch. Ab dem 4. Monat werden sie durch die bleibenden Zähne ersetzt. Dieser Zahnwechsel sollte bis zum Ende des 6. Monats abgeschlossen sein. Bitte auf gute Ernährung achten und die Jungtiere körperlich und geistig nicht überfordern.

▷ Zahnwechsel, schmerzhaft

Zahnfleisch ist hochrot und schmerzhaft, mit Speichelfluss. Der Welpe will sich nicht am Kiefer anfassen lassen. Beim Kauen lässt der Schmerz nach, deshalb beißt er wild auf Allem rum.	**Belladonna C30**
Unverhältnismäßige Schmerzen mit Krämpfen, rote heiße geschwollene Lefzen, Welpe sehr unruhig, und mit überhaupt nichts abzulenken. Teils Zahnungsdurchfälle: grünlich und stinkend.	**Chamomilla C30**

▷ Zahnwechsel, verzögert

Zögerlich eintretender Zahnwechsel. Alles dauert zu lange. Der Welpenflaum geht zu spät aus, sehr langsame Gesamtentwicklung körperlich wie geistig.	**Calcium carbonicum C200** (1-mal täglich 1 Gabe 5–8 Tage lang)
Fördert den Zahnwechsel und das Ausfallen der Milchzähne, vor allem wenn der bleibende Zahn schon durchbricht. Bei sehr lebhaften, schlanken Jungtieren mit ständig wechselndem Appetit.	**Calcium phosphoricum C30** (1-mal täglich 1 Gabe 5–8 Tage lang)

> **Praxistipp:** Die homöopathische Zahnkur für gesunde Zähne:
> Calcium carbonicum C30
> Calcium phosphoricum C30
> Calcium fluoratum C30
> 12 Tage lang ab dem 4. Monat 1-mal täglich 1 Gabe, das Mittel wird täglich gewechselt.
> Zusätzlich 1-mal wöchentlich Calcium carbonicum C200.
> **Ganz wichtig:** Achten Sie auf eine artgerechte und hochwertige Ernährung!

Zahnbeschwerden

▷ Verfärbungen der Zähne

Zähne werden gelb als Folge einer Staupeerkrankung. In seltenen Fällen nach einer Antibiotikatherapie oder nach einer Impfung.	**Silicea C200** (1-mal wöchentlich 1 Gabe)

▷ Lockere Zähne

Bei jungen Hunden: Gesunde Zähne wackeln. Das Mittel unterstützt und festigt die Zähne wieder.	**Calcium phosphoricum C30**
Bei älteren Hunden: Gesunde Zähne lockern sich.	**Argentum nitricum C30**

▷ Kariöse Zähne

Karies, hohle, dunkle bis schwarze Zähne. Zähne zerbröseln, werden locker. Hunde beißen und kauen gerne, da dies den Schmerz lindert.	**Staphisagria C30**

Zahnstein

Zahnstein sollten Sie konstitutionell behandeln. Ist er bereits extrem, muss er vorab manuell entfernt werden. Wichtig ist eine Überprüfung des Futters. Häufig ist ein zu großer Kohlehydrat-, Zucker- und Stärkeanteil im Futter dafür mit verantwortlich.

Bei extremer Zahnsteinbildung bei 2- bis 3-jährigen Hunden, trotz hervorragender Ernährung und Zahnpflege.	**Tuberculinum** **C200** (1-mal wöchentlich 1 Gabe)

Zeckenbefall, Zeckenvorbeugung

Als Prophylaxe hat sich Ledum bestens bewährt, der Zeckenbefall lässt auf jeden Fall nach.	**Ledum** **C200** (1-mal monatlich 1 Gabe während der Zeckenzeit)
Zecke reißt beim Entfernen ab. Teile stecken noch im Hund. Silicea hilft, den Rest abzukapseln und auszuscheiden.	**Silicea** **C30**

Praxistipp: Es gibt immer mehr Mittel für eine biologische Zeckenprophylaxe im Zoofachgeschäft, die ohne Nebenwirkungen helfen können, z. B.: Vitamin-B-Präparate, PK für Tiere (Strath-Kräuterhefe), Formel-Z, Verminex etc.

Homöopathische Mittel von A bis Z

Abrotanum (Eberraute)	Abmagerung trotz reichlich Futter, Wechsel von Durchfall und Verstopfung, Blähungen, hartnäckiger Spulwurmbefall.
Acidum phosphoricum (Phosphorsäure)	Aufbaumittel, bei großer Schwäche und Erschöpfung, während und nach schwerer Erkrankung.
Acidum nitricum (verdünnte Salpetersäure)	Warzen an Haut-/Schleimhautübergängen wie etwa an Lefzen, Augen oder Ohren.
Aconitum (Eisenhut)	Anfangsmittel bei schnell/heftig auftretenden Entzündungen. Bei Beißereien, Unfällen, Schockzuständen, Bindehautentzündungen, Folge von kaltem Wind und Zugluft, Blasenentzündung, Husten, Ohrenentzündung.
Alumina (Tonerde)	Heftige Verstopfung, Darmlähmung, Gier nach Unverdaulichem.
Apis (Honigbiene)	Bienen- und Wespenstiche sowie die allergischen Reaktionen darauf, Prophylaxe gegen Folgen eines Bienenstichs. Unverträglichkeit von Wärme, Kälte bessert. Bindehautentzündungen, Schwellungen. Hauptmittel bei Nierenbeschwerden. Fieber ohne Durst, Blasenentzündung.
Argentum nitricum (Silbernitrat)	Bindehautentzündung, Lymphfollikel im Augenwinkel, Lampenfieber, Turnierstress, Blähungen.

Arnica (Arnika)	Bei Verletzungen aller Art **das** Wundheilmittel. Prellungen, Muskelkater, Überanstrengung, Altersherz, durchblutungsfördernd. Beugt Wundinfektionen vor und verbessert die Blutgerinnung. Operationsvor- und -nachbereitung. Homöopathisches „Dopingmittel".
Arsenicum album (Arsenige Säure)	Futter- und Arzneimittelvergiftung mit Durchfall und Erbrechen. Schwache Tiere, wenig Hunger, viel Durst in ganz kleinen Schlucken. Nierenbeschwerden, trockene Ekzeme, kleine Schuppen, Hautpilze. Unruhig, ängstlich, Wärme suchend.
Barium carbonicum (Bariumkarbonat)	Altersherz, vorzeitiges Altern, durchblutungsfördernd.
Belladonna (Tollkirsche)	Sonnenstich und Sonnenbrand, 2. Entzündungsmittel nach Aconitum. Bei Krämpfen, Fieber und Bindehautentzündung, Ohrenentzündung, Arthritis, Blasenentzündung. Bei Vergiftung durch Rattengift, schmerzhaftem Zahnwechsel, Abszesse mit Fieber. Aggression und Angst.
Bellis perennis (Gänseblümchen)	Prellungen der Knochenhaut, Verletzungen aller Art mit starken Schmerzen, Traumen, wichtiges Wundheilungsmittel.
Berberis (Berberitze)	Reinigt und stärkt Blasenschleimhaut. Bei Blasengries, Blasensteine. Wirkt Nierensteinen entgegen. Wechsel aller Symptome: Durst – durstlos.
Bryonia (Zaunrübe)	Arthritis, schmerzhafte Gelenkentzündungen. Hund will sich gar nicht bewegen. Bei Stauchungen und Zerrungen. Erbricht nüchtern Galle. Wärme bessert, großer Durst.

Cactus (die Königin der Nacht)	Herzschwäche.
Calcium carbonicum (gewonnen aus dem Innern der Austernschalen)	Übergroßer Appetit, wurmabweisende Wirkung. Schlaffes Bindegewebe, Fettsucht, Warzen bei Welpen, Welpenekzem, Bestandteil der homöopathischen Zahnkur, Milchunverträglichkeit.
Calcium fluoratum (Flußspat)	Strafft Bindegewebe der Analdrüsen. Bei Arthrose, Vorfällen im Bereich der Halswirbelsäule, chronische Abszesse, Haarausfall, Liegeschwielen. Bestandteil der homöopathischen Zahnkur.
Calcium phosphoricum (Kalziumphosphat)	Perverser Appetit: Frisst Holz, Tempos. Appetitlos. Bestandteil der homöopathischen Zahnkur, bei Zahnwechsel, Zähne locker. Ekzeme an den Pfoten.
Calcium sulfuricum (Kalziumsulfat)	Hartnäckige Abszesse und Eiterungen.
Cantharis (Spanische Fliege)	Blasenentzündung, Verbrennung und Verbrühungen, Blasengries und Blasensteine.
Carbo vegetabilis (Holzkohle)	Kreislaufschwäche nach Lebensmittelvergiftungen, aber auch bei schweren Verletzungen mit Blutungen.
Causticum (frisch gebrannter Kalk, weiterverarbeitet mit Kaliumdihydrogensulfat)	Chronische Analdrüsenprobleme. Arthrose nach Ruhe steif, läuft sich ein. Bandscheibenvorfall. Inkontinenz. Warzen im Gehörgang, trockene hornige Warzen.
Chamomilla (Kamille)	Aggressionen, Rangprobleme in der Familie, Eifersucht. Sehr schmerzhafte Ohrenentzündungen, schmerzhafter Zahnwechsel. Hochsensible Hunde. Abends schlechter, Wärme bessert.

China (Chinabaum)	Aufbaumittel, Abmagerung.
Cocculus (Kockelskörner)	Beschwerden beim Autofahren, Fahrkrankheit oder Reiseübelkeit.
Crataegus (Weißdorn)	Pflegemittel des Herzens, Altersherz, Herzhusten, Herzschwäche.
Drosera (Sonnentau)	Hustenanfälle.
Dulcamara (Nachtschatten)	Folge von Durchnässung und Abkühlung, Bindehautentzündung, Blasenentzündung, Gelenkschmerzen.
Euphorbium (Wolfsmilch)	Heftiger Niesreiz, Nasenausfluss.
Euphrasia (Augentrost)	Der Augentrost hilft bei allen Augenbeschwerden, auch bei Verletzungen, Bindehautentzündung.
Ferrum metallicum (Metallisches Eisen)	Appetitlosigkeit, Gier auf Sand und Erde.
Ferrum phosphoricum (Eisenphosphat)	Entzündungsmittel, Fieber, Blasenentzündung, Ohrenentzündung.
Fucus vesicolosus (Blasentang)	Fettsucht nach Kastration.
Gelsemium (Jasminwurzel)	Folge von Aufregung wie Durchfall. Inkontinenz (pinkeln) junger Hunde vor Freude oder Aufregung. Lampenfieber. Nasenausfluss im Sommer.
Graphites (Graphit)	Fettsucht, total verfressen, träge und faul. Hautausschläge, Haarausfall, Juckreiz, Verhornungen, Blähungen, Verstopfung, chronische Ohrenbeschwerden.

Hepar sulfuris (Kalkschwefelleber)	Abszesse, Eiterungen aller Art (auch eiternde Wunden), sehr schmerzhaft und berührungsempfindlich. Akute Ohrenentzündung. Zwischenzehenekzeme, Krallenbettvereiterung.
Hypericum (Johanniskraut)	Sehr schmerzhafte Nervenverletzungen, bei Prellung, Stauchung der Wirbelsäule, sehr akutes Trauma, eingeklemmte Pfote, abgerissene Kralle, abgebrochene Zähne.
Ignatia (Ignatia-Brechnuss)	Heimweh, Beknabbern der Vorderpfoten, zickig, verweigert Fressen. Scheinträchtig, Trauer nach Scheinträchtigkeit, widersprüchliche und schnell wechselnde Symptome.
Ipecacuanha (Brechwurzel)	Heftiges Erbrechen und Durchfall.
Jodum (Jod)	Abmagerung trotz vielem Fressen, Schilddrüsenstörung.
Kalium bichromicum (Kaliumdichromat)	Nase verstopft, zäher Schleim.
Kalium phosphoricum (Kaliumphosphat)	Nervös und ängstlich, geistige Überforderung, nervöse Magen-/Darmbeschwerden.
Lachesis (aus dem Gift der Buschmeisterschlange)	Aggression, Eifersucht, bellfreudig, ranghoch und selbstbewusst. Abszess mit Fieber, Vergiftungen, Rattengift.
Ledum (Porst)	Verletzung des Augapfels. Wunden durch Stiche aller Art, sehr starker Juckreiz. Hautausschläge aufgrund von Parasitenbefall, Zecken- und Flohprophylaxe.

Lycopodium (Bärlapp)	Blähungen, Ausleitung und Spülung der Harnwege, wirkt Harngrieß und Harnsteinbildung vor. Nierenbeschwerden, Verstopfung. Sensibel, bockig, launisch und stur. Hautausschläge. Früh grau um die Nase.
Mercurius solubilis (Quecksilber)	Bindehautentzündung.
Myristica sebifera (Talgmuskatnussbaum)	„Das homöopathische Messer", öffnet Abszesse zum richtigen Zeitpunkt und erspart so die Operation.
Natrium chloratum = Natrium muriaticum (Kochsalz)	Folgen von Trauer und Kummer, Abmagerung, Aggression, appetitlos, Haarausfall, Juckreiz, dünnes Fell, glanzlos, trockene Ekzeme, Bandwurmbefall.
Nux vomica (Gewöhnliche Brechnuss)	Verdauungsprobleme, Durchfall und Erbrechen aufgrund von ungewohntem Futter, Überfressen. Vor Operation Narkosevorbereitung. Hautausschläge nach Medikamenten. Beschwerden beim Autofahren. Verstopfung, Krämpfe. Bandscheibenvorfall, Lähmungen. Aggression.
Okoubaka (Astrinde des Baumes *Okoubaka aubrevillei*)	Vergiftungen durch Insektizide, Flohhalsband, gedüngte Felder, alte Wurst, Farben, Nahrungsmittelunverträglichkeit, Durchfall und Erbrechen. Darmaufbauend und schadstoffausleitend.
Opium (Saft der Mohnpflanze)	Extreme Verstopfung – überhaupt keinen Kotdrang.
Petroleum (Petroleum)	Reiseübelkeit beim Autofahren.
Plumbum metallicum (Blei)	Bandscheibenvorfall mit Lähmung.

Psorinum (Krätzenosode)	Hautausschläge mit heftigem Juckreiz, mit blutig kratzen. Bei Milbenbefall, Ekzemen. Modriger Geruch (erinnert an gekochtes Fleisch). Ohrmilben, chronische Ohrbeschwerden. Kälteempfindlich, doch Wärme verschlimmert.
Pulsatilla (Gewöhliche Küchenschelle)	Analdrüsenverstopfung, Scheinträchtigkeit. Anhänglich, gutmütig, fordert Streicheleinheiten. Eifersucht, Augenausfluss. Frische Luft bessert, Wärme verschlechtert, durstlos. Nasenausfluss, Ohrenausfluss. Durchfall und Verstopfung wechseln sich ab.
Rhododendron (Alpenrose)	Angst bei Wind.
Rhus toxicodendron (Giftsumach)	Allergien, Arthritis, Zerrungen, „Hund läuft sich ein", Folgen von Abkühlung und Überanstrengung. Durchfall, Bandscheibenvorfall, chronische Bindehautentzündung, Hautausschläge, Juckreiz. Leichte Bewegung bessert. Homöopathisches „Dopingmittel".
Ruta (Weinraute)	Knochenhautverletzungen, Folge von Verletzungen, Prellungen, Quetschung, Zerrung, Schlag- und Stoßverletzungen, auch rund um das Auge.
Sabal serrulatum (Sägepalme)	Blasengrieß und Blasensteine.
Sepia (Tintenfisch)	Haarausfall ohne Juckreiz, hormonell bedingt. Inkontinenz.

Silicea (Kieselsäure)	Ausheilung von Abszessen und Fistelkanälen. Scheidet Fremdkörper aus wie Spreißel, Zeckenkopf. Stärkt Bindegewebe. Bei Liegeschwielen, lockeren Gelenken, chronischen Ohrenbeschwerden, Haarausfall. Dünnes Fell, zurückhaltende Hunde, verletzen sich ständig, Welpen entwickeln sich langsam („Verreckerle").
Solidago (Goldrute)	Nierenmittel. Bei schlechten Nierenwerten Regenerationsmittel.
Spongia (Meerschwamm)	Schlimme Hustenanfälle, man glaubt, der Hund erstickt. Fressen bessert, Wärme auch.
Staphisagria (Stephanskraut)	Glasscherbenverletzung, sehr schmerzhafte Schnittwunden, auch bei Operationen, Horn- und Hautverletzungen, Folgen von Insektenbissen.
Strychninum phosphoricum (Strychninphosphat)	Autofahren macht Probleme.
Sulfur (Schwefel)	Wichtiges Hautmittel. Regt den Stoffwechsel an. Wirkt entgiftend. Hautausschläge, Blähungen. Folge von Antibiotika. Durchfall und Verstopfung abwechselnd, chronische Ohrbeschwerden, Augenausfluss, Juckreiz. Durch Wärme und Baden schlechter.
Symphytum (Beinwell)	Arthritis (Gelenkentzündung), Knochenhautverletzung, Unfall, Sturz, Zerrung und Risse von Bändern. Knochenbrüche heilen schneller.
Tabacum (Tabak)	Reiseübelkeit, Beschwerden beim Autofahren.

Thuja (Lebensbaum)	Behebt unerwünschte Folgen von Impfungen. Bei Husten, Durchfall, Nasenausfluss. Operationsvorsorge, Narkose wird besser vertragen. Warzenmittel.
Tuberculinum (Nosode der Rindertuberkulose)	Extreme Zahnsteinbildung.
Veratrum album (Weißer Nieswurz)	Erbrechen mit Schwäche und Durchfall.
Viscum album (Mistel)	Altersherz, Stärkungsmittel, Tumore, Lungenödem.

▷ Speziell bewährte Mittel

Bachblüten-Notfalltropfen (Rescue-Tropfen) 2 Tropfen ins Maul, nach 5–10 Minuten wiederholen bis sichtbare Besserung eintritt.	Sehr empfehlenswert! Erste Hilfe! Bei Notfällen aller Art. Verletzungen, Schock, Unfall, Angst, Panik, akute Schmerzen, Bandscheibenvorfall.
Retterspitz äußerlich (für Umschläge) ca. 1–2 Stunden bei Gelenkentzündungen auf betroffener Stelle belassen. Bei verschmutzten Wunden mindestens 20 Minuten belassen, bis die Wunde sauber ist (brennt ein wenig).	Wundheilungsmittel. Desinfizierend, eiterziehend, Schmerz lindernd, Juckreizstillend, Zerrungen, Prellungen, Gelenkentzündungen etc.
Traumeel-Tabletten 3- bis 5-mal täglich 1 Tablette, bis Besserung eintritt, maximal 10 Tage.	Arthritis, Arthrose, Augenverletzung, Ohrenentzündung, Gelenkentzündung, Stauchung, Zerrung, Bandscheibenbeschwerden, bei Entzündungen allgemein.

Gripp-Heel-Tabletten 3-mal täglich 1 Tablette, bis Besserung eintritt maximal 10 Tage.	Zwingerhusten, Husten, Kehlkopfentzündung.
ReVet RV 4 42 g Globuli 3- bis 5-mal täglich 4 – 8 Globuli	Altersherz, Herzbeschwerden, Kreislaufprobleme, Kollaps, Herzfehler, Ödeme, Bauchwassersucht, „Herzhusten", Stauchungsbronchitis.
ReVet RV 25 42 g Globuli 3- bis 5-mal täglich 4 – 8 Globuli	Arthritis, Arthrose, Gelenkbeschwerden, Verstauchung, Zerrung, Lahmgehen, Hüftdysplasie, Knochenbrüche, Dackellähme, Bandscheibenprobleme.
Derivatio H Tabletten 3-mal täglich 1 Tablette 10 – 14 Tage ang	Entgiftung, Entschlackung, Ausleitung von Schadstoffen bzw. Nebenwirkungen (z. B. von Medikamenten, Flohmittel, Konservierungsstoffen, Pestizide), nach Vergiftungen.
Thuja-Tinktur Äußerlich, betupfen	Gegen Warzen.

Die homöopathische Haus- und Reiseapotheke

Eine homöopathische Haus- und Reiseapotheke können Sie sich in spezialisierten Apotheken anhand der unten aufgeführten Mittel zusammenstellen lassen. Um nicht jedes einzelne Mittel in der handelsüblichen Menge kaufen zu müssen, erhalten Sie sie dort auch in 2-Gramm-Glasröhrchen abgepackt. Diese sind auf Reisen praktisch und gut mitzuführen. Häufig sind die Gläschen in einem Lederetui übersichtlich eingeordnet.

Eine Hausapotheke besteht idealerweise aus Mitteln für allgemeine Notfälle. Sie können Sie mit Mitteln ergänzen, die speziell auf Ihren Hund abgestimmt sind. So brauchen etwa junge Hunde andere zusätzliche Mittel wie ältere Hunde. Ihr Tierheilpraktiker oder homöopathischer Tierarzt steht Ihnen bei der Wahl dieser Mittel sicher gerne mit Rat und Tat zur Seite.

Wir haben großen Wert darauf gelegt, eine einfach handzuhabende Apotheke zusammenzustellen.

Praxistipp: Kopieren Sie sich die Listen und legen Sie sie in Ihre Haus- und Notfallapotheke. Dann haben Sie die notwendigen Informationen immer parat.

▷ Mittel von A bis Z

Aconitum C30	Schnell und heftig auftretende Entzündungen, erstes Entzündungsmittel. Nach Beißereien, Unfällen, Schockzuständen.
Apis C30	Bienen- und Wespenstiche sowie allergische Reaktionen darauf. Schwellungen.
Arnica C30	Verletzungen aller Art, Wundheilungsmittel. Bei Prellungen, Muskelkater, Überanstrengungen.
Arsenicum album C30	Futtermittelvergiftung mit Durchfall und Erbrechen.

Belladonna C30	Sonnenstich und Sonnenbrand. Zweites Entzündungsmittel nach Aconitum, bei schweren Krämpfen.
Cantharis C30	Blasentzündungen, Verbrennungen und Verbrühungen.
Carbo vegetabilis C30	Kreislaufschwäche, z. B. nach Lebensmittelvergiftungen, aber auch bei schweren Verletzungen mit Blutungen.
Euphrasia C30	Bindehautentzündungen, Augentzündungen.
Hepar sulfuris C30	Abszesse, eiternde Wunden und Eiterungen aller Art.
Hypericum C30	Sehr schmerzhafte Nervenverletzungen, Prellungen, Stauchung der Wirbelsäule, eingeklemmte Pfoten, abgebrochene Zähne, abgerissene Krallen.
Nux vomica C30	Verdauungsprobleme, Überfressen, ungewohntes Futter mit Durchfall und Erbrechen.
Okoubaka C30	Vergiftungen durch Insektizide, Flohhalsbänder, gedüngte Felder etc.
Staphisagria C30	Glasscherbenverletzungen, sehr schmerzhafte Schnittwunden und bei Hornhautverletzungen.
Bachblüten-Notfalltropfen (Rescue-Tropfen)	Bei Unfällen, Schock und Beißereien, lindert den ersten Schock bei Frauchen, Herrchen und Hund.
Traumeel-Tabletten	Arthritis, Arthrose, Augenverletzung, Ohrenentzündung, Gelenkentzündung, Stauchung, Zerrung, Bandscheibenbeschwerden, bei Entzündungen allgemein.

▷ Symptome von A bis Z

Abszesse (Eiterungen)	Hepar sulfuris C30
Bienen- und Wespenstich	Apis C30
Bindehautentzündung	Euphrasia C30
Beißereien (Schock nach)	Aconitum C30
Blasenentzündung	Cantharis C30
Entzündungen	Aconitum C30
Futtermittelvergiftung	Arsenicum album C30
Glasscherbenverletzungen	Staphisagria C30
Kreislaufschwäche	Carbo vegetabilis C30
Nervenverletzungen	Hypericum C30
Sonnenstich / Sonnenbrand	Belladonna C30
Verdauungsprobleme	Nux vomica C30
Vergiftung	Okoubaka C30
Verletzungs- und Wundheilungsmittel	Arnica C30

Praxistipp: Immer dabei sein sollten die Bachblüten-Notfalltropfen (Rescue-Tropfen).

▷ Homöopathie für Welpen und Junghunde

Welpen und junge Hunde sind noch sehr unerfahren, aus diesem Grund ist bei diesen Hunden die Verletzungsgefahr oder Gefahr der Überanstrengung besonders hoch. Auch fressen sie noch alles Mögliche und Unmögliche. Verdauungsprobleme, Durchfall und Erbrechen sind daher häufige Folgen.

Hamamelis C30 (zusätzlich zu Arnica C30)	Heftige Blutungen, Nasenbluten, Ohren- und Zungenverletzungen.
Ipecacuanha C30	Heftiger Brechdurchfall.
Rhus toxicodendron C30	Lahm gehen nach Überanstrengungen und Überforderungen.

▷ Homöopathie für Hündinnen

Pulsatilla C30	Scheinschwanger.
Rhus toxicodendron C30	Überanstrengung, Muskelkater.

▷ Homöopathie für ältere Hunde

Komplexmittel: ReVet RV 4 3-mal täglich 1 Gabe.	Altersherz.
Komplexmittel: ReVet RV 25 3-mal täglich 1 Gabe.	Arthrose.
Barium carbonicum C30	Hört und sieht schlecht, durchblutungsförderndes Mittel.

▷ Der Hund auf Reisen

Ignatia C30	Heimweh.
Petroleum C30	Reiseübelkeit, Beschwerden beim Autofahren (Erbrechen).
Ledum C200	Insektenstiche, Zecken und Flöhe. Vorbeugend.
Ledum C30 – gut mit Apis C30 zu kombinieren.	Eingetretene Dornensplitter, Nägel, Bisse, verschmutzte Wunden, Bienen- und Wespenstiche.

Bezugsquellen

- Dr. Reckeweg & Co., Bensheim, www.reckeweg.de (ReVet RV 4, 25)
  Die ReVet-Serie gibt es seit neuestem auch für Heimtiere – also in der weit aus günstigeren 10-Gramm-Verpackung. Die beiden Medikamente heißen nun: ReVet H 4 und 25.
- Firma Heel (Traumeel, Gripp-Heel)
- WALA Heilmittel GmbH, Eckwälden / Bad Boll, www.wala.de (Globuli)
- Deutsche Homöopathie-Union, Karlsruhe, www.dhu.de (Globuli, auch Thuja-Tinktur)
- Retterspitz GmbH, Schwaig, www.retterspitz.de (Retterspitz)
- A. Pflüger GmbH & Co. KG, Rheda-Wiedenbrück, www.pflueger.de (Derivatio H Tabletten)
- Strath-Labor GmbH, Donaustauf, www. strath-labor.de (Strath-Kräuterhefe)
- Biokanol Pharma GmbH, Rastatt, www.formel-z.info (Formel-Z; natürliche Abwehr gegen Zecken)
- Canina® pharma GmbH, Hamm, www.canina.info (Verminex; Bio-Schutz gegen ungebetene Gäste)
- Taschenapotheken können Sie über Ihre Apotheke oder auch über das Internet bestellen – die Anzahl der Anbieter ist groß. Manche Anbieter befüllen die Taschenapotheke ganz nach Ihrem Wunsch.

Zum Weiterlesen

Becvar, Wolfgang (1994): Naturheilkunde für Hunde. Kosmos Verlag

Deiser, Rudolf (2004): Alphabetische Repertorium der homöopatischen Tiermedizin. Sonntag-Verlag

Hamilton, Don (2005): Homöopathie für Hunde und Katzen. Sonntag-Verlag

Krüger, Christiane P. (2006): Praxisleitfaden Tierhomöopathie. Vom Arzneimittelbild zum Leitsymptom. Sonntag-Verlag

Marx-Holena Hilke (2006): Homöopathie für Hunde. blv

Millemann, J. (2007): Materia medica der homöopathischen Veterinärmedizin. Sonntag-Verlag

Rakow, Barbara und Michael (1999): Hömöopathie in der TierMedizin (Groß- und Kleintiere). Aude Sapere

Rakow, Barbara und Michael (2005): Bewährte Indikationen der Homöopathie in der Veterinärmedizin. Sonntag-Verlag

Stein, Petra (2007): Naturheilpraxis Hunde. Gräfe und Unzer Verlag

Westerhuis, A.H. (2000): Homöopathie für Hunde. Droemer/Knaur

Wolf, Hans G. (2002): Unsere Hunde – gesund durch Homöopathie. Heilfibel eines Tierarztes. Sonntag-Verlag

Stichwortverzeichnis

Homöopathische Mittel s. Homöopathische Mittel von A bis Z Seite 76 ff.

Abmagerung
- nach schwerer Erkrankung 20
- nach Trauer und Kummer 19
- ohne besondere Krankheitsanzeichen 19

Abszess
- akut 20
- chronisch 21
- mit Fieber 21

Ähnlichkeitsregel 5, 7
Aggression 22
- nach Kastration 22

Allergien 23
Altern, vorzeitiges 24
Altersherz 24
Analdrüse
- akut 25
- chronisch 25

Anamnese 15
Angst 26f.
Angstbeißer 27
Angstverhalten nach Narkose 27
Appetit
- abnorm 28
- enorm 27

Appetitlosigkeit 29
Arthritis 30
Arthrose 31

Arzneimittelbild 7, 10
Atemfrequenz 17
Aufbau-, Stärkungsmittel
- Jungtiere 31
- nach Krankheit 32

Augenausfluss 32f.
Augenverletzung 33
Autofahren, Beschwerden beim 34

Bandscheibenvorfall
- akut 35
- chronisch 35
- mit Lähmungen 36

Bandwürmer 36
Barthaare, ausfallende 37
Behandlung, ganzheitlich 7, 15
Belecken der Vorderpfoten 37
Beobachten, bewusstes 9, 10
Bindegewebsschwäche 37
Bindehautentzündung 38f.
- akut 38
- subakut bis chronisch 38f.

Bisswunden s. Wundbehandlung
Blähungen 39f.
Blasenentzündung 40
Blasengries 41
Blasensteine 41

Dilution 13
Durchfall 42f.
Durst 44
Durstlosigkeit 44
Durchnässung, Folgen von 44
Dynamisierung 8

Eifersucht 45
Entgiftung, Ausleitung 45
Entschlackung 45
Erbrechen
- akut, mit / ohne Schmerzen 46
- mit Schwäche / Durchfall 47

Erstreaktion 8

Fettsucht 48
- nach Kastration 48

Gesundheitsreaktion 8
Globuli 13

Stichwortverzeichnis

Haarausfall
- allgemein 48
- mit Juckreiz 49
- ohne Juckreiz 49

Harnträufeln s. Inkontinenz

Hautausschläge 50ff.
- mit Juckreiz, nässend 52f.
- mit Juckreiz, trocken 51
- Parasitenbefall 50

Heimweh 53

Homöopathie, Grenze 7, 14

Husten
- akut 53
- chronisch 54

Insektenstich
- Bienen-/Wespenstich 55
- Floh-/Zeckenbiss 55

Inkontinenz
- bei Hündinnen 56
- bei Jungtieren/Aufregung 55
- Verletzungsfolge 56

Körpertemperatur 17
Kombination mehrerer Mittel 9
Komplexmittel 10

Lahmheit s. Verletzungen und Wunden
Liegeschwielen 56

Nasenausfluss
- akut 57
- subakut/chronisch 58

Nierenbeschwerden
- akut 58
- Regenerationsmittel 60
- subakut 59

Ohrenbeschwerden 60ff.
- akut 60f.
- chronisch 61f.

Operationsnachbereitung 62f.
Operationsvorbereitung 62f.

Potenz 12
Potenzierung 8f.
Pulsschlag 18

Scheinschwangerschaft 63f.
Scheinträchtigkeit 63f.
Schussangst s. Angst
Selbstheilungskräfte 5, 7, 11, 14
Symptombeschreibungen 6

Tabletten 14
Tropfen 14

Überanstrengung 64

Vergiftung 65f.
- durch Arzneimittel 66
- durch Futter 65
- durch Rattengift 65

Verletzungen 66f.
- allgemein 66
- Schläge, Stürze, Prellungen 67
- Schock 66
- Verstauchungen, Zerrungen 67

Verstopfung 68f.
- extreme 69

Warzen 69f.
Welpenekzem 70
Wundbehandlung
- Quetschwunden 71
- Schnittwunden 70
- Stichwunden 71

Wurmbefall 72
Wurmbehandlung 72

Zahnen 73
Zahnwechsel
- schmerzhaft 73
- verzögert 73
- Zahnkur 74

Zahnbeschwerden
- Karies 74
- lockere Zähne 74
- Verfärbung 74

Zahnstein 75
Zeckenbefall 75
Zeckenvorbeugung 75
Zugluft, Folgen von 44

Umschlagfoto: Heike Schmidt-Röger

Die Autorinnen
Vera Misol ist Tierheilpraktikerin und führt eine eigene Naturheilpraxis für Tiere in Ostfildern (www.tierheilpraktiker-stuttgart.de), Gabi Franz ist Redakteurin und seit vielen Jahren überzeugte Anwenderin der Homöopathie bei ihrem Hund.

> In diesem Buch sind die Namen von Medikamenten, die zugleich eingetragene Warenzeichen sind, als solche nicht besonders kenntlich gemacht. Es kann also aus der Bezeichnung der Ware mit dem für diese eingetragenen Warenzeichen nicht geschlossen werden, dass die Bezeichnung ein freier Warenname ist. Die Markennamen wurden nur beispielhaft aufgeführt. Hinsichtlich der in diesem Buch angegebenen Dosierungen von Medikamenten usw. wurde die größtmögliche Sorgfalt beachtet. Gleichwohl werden die Leser aufgefordert, die entsprechenden Beipackzettel der Hersteller zur Kontrolle heranzuziehen. Die beispielhafte Auflistung von Medikamenten bzw. Wirkstoffen ist kein Beweis dafür, dass diese in Deutschland zugelassen sind. Der behandelnde Tierarzt ist aufgefordert, die jeweilige (Zulassungs-)Situation zu überprüfen.
> Die in diesem Buch enthaltenen Empfehlungen und Angaben sind von den Autorinnen mit größter Sorgfalt zusammengestellt und geprüft worden. Eine Garantie für die Richtigkeit der Angaben kann aber nicht gegeben werden. Autorinnen und Verlag übernehmen keinerlei Haftung für Schäden und Unfälle.

Bibliografische Information der Deutschen Nationalbibliothek
Die Deutsche Nationalbibliothek verzeichnet diese Publikation in der Deutschen Nationalbibliografie; detaillierte bibliografische Daten sind im Internet über http://dnb.d-nb.de abrufbar.

Das Werk einschließlich aller seiner Teile ist urheberrechtlich geschützt. Jede Verwertung außerhalb der engen Grenzen des Urheberrechtsgesetzes ist ohne Zustimmung des Verlages unzulässig und strafbar. Das gilt insbesondere für Vervielfältigungen, Übersetzungen, Mikroverfilmungen und die Einspeicherung und Verarbeitung in elektronischen Systemen.

© 2008 Eugen Ulmer KG
Wollgrasweg 41, 70599 Stuttgart (Hohenheim)
E-Mail: info@ulmer.de
Internet: www.ulmer.de
Lektorat: Antje Springorum
Herstellung: Ulla Stammel
Umschlagentwurf: Freiraum K, Karen Neumeister, Stuttgart
dtp: DOPPELPUNKT Auch & Grätzbach, Stuttgart
Druck und Bindung: Freiburger Graphische Betriebe, Freiburg
Printed in Germany

ISBN 978-3-8001-5481-4

Quelle:Pixelio

Auf 4 Pfoten durchs Leben

In diesem Buch finden Sie alles, was Sie über Ihren **treuesten Freund** wissen sollten. Ein Ratgeber, der alle Fragen rund um den Alltag mit Ihrem Hund beantwortet. lang begleitet!

Das große Ulmer Hundebuch.
Heike Schmidt-Röger. 2008.
272 S., 280 Farbf., geb.
ISBN 978-3-8001-5376-3.

Ganz nah dran.

Quelle:

Grunderziehung leicht gemacht

Bild für Bild und in klaren einfachen Schritten erklärt dieses Buch, wie Sie mit Ihrem Hund die wichtigsten Kommandos einstudieren können.

Hundeschule.
Step by Step zum folgsamen Familenhund. Celina del Amo, Dieter Kothe. 2., überarbeitete Aufl. 2007. 128 S., 259 Farbf., 3 Zeich., geb. ISBN 978-3-8001-5572-9.

 Ganz nah dran.